孔德平　李　堃　著

邛海水环境与渔业资源可持续发展研究

其他著者　范亦农　赵海光　周起超
　　　　　郭　忠　张月霞　赵琳娜
　　　　　谭志卫　杨发昌　朱　翔
　　　　　聂菊芬　刘晓海　和向东

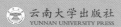
云南大学出版社
YUNNAN UNIVERSITY PRESS

图书在版编目（CIP）数据

邛海水环境与渔业资源可持续发展研究 / 孔德平，
李堃著. -- 昆明：云南大学出版社，2016
ISBN 978-7-5482-2760-1

Ⅰ．①邛… Ⅱ．①孔… ②李… Ⅲ．①湖泊一水环境
一可持续性发展一研究一西昌②湖泊一水产资源一可持续
性发展一研究一西昌 Ⅳ．①X143②S922.714

中国版本图书馆CIP数据核字（2016）第207782号

策划编辑：张丽华
责任编辑：张丽华
封面设计：刘文娟

邛海水环境与渔业资源可持续发展研究

孔德平 李 堃 著

出版发行：云南大学出版社
印　　装：昆明瑾煋印务有限公司
开　　本：787mm×1092mm 1/16
印　　张：8
字　　数：200千
版　　次：2016年9月第1版
印　　次：2016年9月第1次印刷
书　　号：ISBN 978-7-5482-2760-1
定　　价：100.00元

社　　址：昆明市一二一大街182号（云南大学东陆校区英华园内）
邮　　编：650091
电　　话：（0871）65033244　65031071
网　　址：http://www.ynup.com
E-mail：market@ynup.com

若发现本书有印装质量问题，请与印厂联系调换，联系电话：0871-64167045。

目 录

1 邛海流域概况

1.1 自然环境概况

1.1.1 地理位置

邛海流域地处我国西南亚热带高原山区，即青藏高原东南边缘，横断山纵谷区，处于印度洋西南季风暖湿气流北上的通道上。邛海流域包括西昌市西郊乡、大箐乡、海南乡、大兴乡、川兴镇和高枧乡5乡1镇以及昭觉县的普诗乡、玛增依乌乡部分地区，喜德县的东河乡部分地区，流域面积约为 307.67km^2（含水域面积），其地理坐标范围大致为 27°47′34.273″~27°51′57.783″N，102°16′03.598″~102°20′43.847″E。

1.1.2 水文水系

（1）邛海水文特征

邛海属长江流域，雅砻江水系，湖面呈 L 形，南北长 11.5km，东西最宽 5.5km，湖周长 37.4km，2012 年邛海湖面面积 31km^2。邛海正常蓄水位海拔 1510.3m，平均水深 14m，最大水深 34m，储水量 3.2 亿 m^3，湖面多年平均年降水量为 989mm，多年平均湖面降水量 2650×10^{4}m^3，湖泊补给系数为 9.97，湖水滞留时间约 834 天。邛海水下地形周边坡度变化较大，水底平缓，东北方向地形较为复杂。邛海周边共有大小河流 10 余条，水体环流多而且速度快。

邛海流域的主要水文特征见表 1－1。流域多年平均径流量年内分配情况见图 1－1，径流的年内分配与降水的年内分配相似，主要集中在 5~10 月份，其间的径流量占了全年总量的 80% 以上。

（2）流域水系

邛海流域溪沟密布，河沟比降大，汇流面积为 307.67km^2，多年平均径流深 479mm，多年平均径流量为 1.473 亿 m^3。邛海汇水河流北有干沟河（含高沧河），东有官坝河，南有鹅掌河，次一级的河流有青河、踏沟河、龙沟河等。以上河流汇入邛海后，由海河排泄，海河自邛海西北角流出后，在西昌城东和城西纳入东河、西河后转向西南注入安宁河。流域内支沟、冲沟密布，长度大于 1km 的支沟众多，水系密度达 0.68 条/km^2（见表 1－2）。

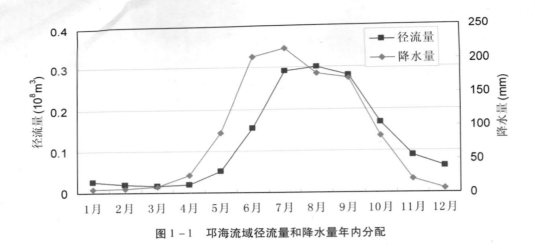

图 1-1　邛海流域径流量和降水量年内分配

表 1-1　邛海流域主要河流水文特征值

河名	流域面积（km²）	河流长度（km）	平均比降（‰）	多年平均年径流深（mm）	多年平均年径流量（10⁸m³）	多年平均流量（m³/s）
官坝河	121.60	21.90	58.6	440	0.535	1.696
鹅掌河	50.14	10.59	101.9	440	0.221	0.700
干沟河（含高沧河）	31.58	9.63	30.6	420	0.133	0.422
大沟河	10.23	3.35	18.8	415	0.043	0.136
青河	6.375	3.35	99.7	415	0.026	0.082
踏沟河	5.175	4.30	124.7	415	0.021	0.067
红眼沟	3.725	3.45	107.0	415	0.015	0.048
龙沟河	2.165	2.20	104.5	415	0.009	0.028
小溪及坡面	49.915	—	—	410	0.205	0.650

　　我们利用数字高程模型数据 DEM 等，将邛海流域划分为 18 个子流域（见图 1-2、图 1-3）。

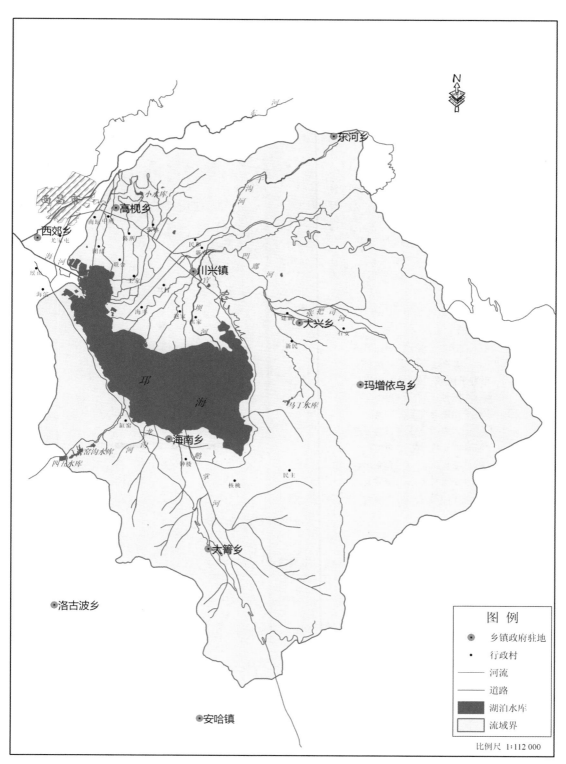

图 1-2　邛海流域水系

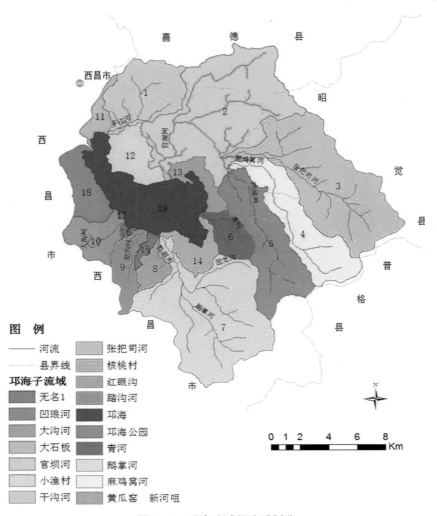

图 1-3 邛海流域子流域划分

表 1-2 邛海流域子流域划分

流域编号	1	2	3	4	5	6	7
名称	干沟河（含高沧河）	官坝河	张把司河	麻鸡窝河	凹琅河	青河	鹅掌河
流域编号	8	9	10	11	12	13	14
名称	红眼沟	踏沟河	大沟河	大石板	小渔村	黄瓜窑新河咀	核桃村
流域编号	15	16	17	18			
名称	未知2	未知1	未知3	邛海公园			

（3）水资源状况

邛海流域雨量充沛，干湿季分明，多年平均降雨量为 1030mm，但降水的时空分布不均。流域多年平均径流深 479mm，多年平均径流量为 1.473 亿 m^3，其中陆面 1.208 亿 m^3，湖面 0.265 亿 m^3。邛海湖盆区地下水含水层类型有松散岩类孔隙水和碎屑岩类孔隙裂隙水两大类型，前者广布于邛海盆地川兴一带，后者分布于邛海西侧新村一带，地下水总量约为 832 万 m^3。流域内多年平均水资源总量为 1.55 亿 m^3。邛海流域地表水资源量情况见表 1-3。

表 1-3 邛海流域地表水资源量情况

项目			流域面积（km^2）	多年平均年径流深（mm）	水资源量（$10^8 m^3$）				
					多年平均	$P=20\%$	$P=50\%$	$P=75\%$	$P=90\%$
合计	邛海流域		307.67	479	1.473	1.772	1.444	1.215	1.030
	其中	湖面	26.765	989	0.265	0.310	0.260	0.225	0.196
		陆面	280.905	430	1.208	1.462	1.184	0.990	0.834
按县市计	西昌市		220.42	494	1.088	1.300	1.067	0.901	0.771
	其中	湖面	26.765	989	0.265	0.310	0.260	0.225	0.196
		陆面	193.655	425	0.823	0.990	0.807	0.676	0.575
	昭觉县		73.70	445	0.328	0.399	0.322	0.270	0.226
	喜德县		13.55	420	0.057	0.073	0.055	0.044	0.033
按河流计	官坝河		121.60	440	0.535	0.647	0.525	0.440	0.370
	鹅掌河		50.14	440	0.221	0.263	0.218	0.187	0.160
	干沟河		31.58	420	0.133	0.167	0.128	0.101	0.082
	大沟河		10.23	415	0.043	0.051	0.042	0.035	0.031
	青河		6.375	415	0.026	0.032	0.025	0.022	0.018
	踏沟河		5.175	415	0.021	0.025	0.021	0.017	0.015
	红眼沟		3.725	415	0.015	0.018	0.015	0.012	0.010
	龙沟河		2.165	415	0.009	0.011	0.009	0.008	0.006
	小溪及坡面		49.915	410	0.205	0.248	0.201	0.168	0.142

（4）地形地貌

邛海流域以山地为主，谷坝次之，形成"八分山地、二分坝"和坝内"八分山地、二分水"的比例状态。流域地貌形态除周围的中、高山外，中间主要是邛海湖盆区。

（5）地质特征

邛海流域为东、北、南高山环绕向西侵蚀开口的中高山和断陷积盆地地形，海拔在 1507～3263m 之间，盆地西北向为盆口，与安宁河断陷河谷平原相连，历史上受安宁河断裂带东支断裂影响显著。从流域环山来看，山体为中深切谷、剥蚀、侵蚀构造中高山，主要表现为褶皱；东南体现为断块山，受则木河断裂带控制，断裂密集，岩性软弱，坡度较缓，岩性强度高，坡度较陡，一般在 30°～50° 之间。因受地质断裂带影响，流域内地震活动频繁且强烈，历史上多次发生强震，稳定性差。

邛海流域区从中生界到新生界地层均有出露，总体上看，从西往东，地层时代由老向新过渡，岩性比较简单，主要特征为发育一套软硬相间的中生代红层。其中，软弱岩层有薄层的泥岩、粉砂质泥岩、泥质粉砂岩、泥灰岩、页岩和钙质胶结的粉砂岩等，极易遭受风化剥蚀，引发大范围水土流失和泥石流。

（6）气象特征

邛海流域地处低纬度、高海拔地区，受西南季风及东南内陆干旱季风交替的影响，具有中亚热带高原山地气候的特点，冬暖夏凉、干湿季分明。根据气象资料，可划分为如下气象带：海拔 2000m 以下为北亚热带；2000～2500m 为暖温带；2500～2800m 为温带；2800～3300m 为寒温带；3300m 以上为亚寒带。

流域光照充足，热量丰富，气候暖和，冬暖夏凉。春秋长、冬夏短，年日照时数 2431.4 小时。雨量充沛，干湿季分明，年平均降雨量为 1004.3mm，主要集中于 5～10 月，占全年的 92.8%，其中又以 7、8、9 三个月降雨最为集中；年平均蒸发量为 1945mm，大于降雨量近 1 倍，1～4 月平均湿度在 60% 以下，多干风；5～12 月平均湿度在 60% 以上，具有明显冬季干旱、夏秋多雨的特点。

（7）土壤类型

邛海流域内土壤类型主要为紫色土、水稻土、冲积土以及红壤 4 类。4 类土壤中，紫色土及红壤为自然土。紫色土、水稻土、冲积土多见于邛海周围的平原及浅山地带，且以紫色土的分布面积为最广；红壤则为山地红壤，多见于海拔较高的山区，山区的垂直地带性明显，山地红壤与黄棕壤占山区土壤面积的 50% 以上。

（8）植被覆盖

邛海流域植物区系属泛北极植物区、中国喜马拉雅植物亚区，植被分区属中国喜马拉雅植物亚区的西昌横断山地宽谷亚热带季节型常绿阔叶林区，植被主要以次生植被和人工植被为主。

从植被分布来看，东部和南部的官坝河、鹅掌河流域森林较多，但树种较为单一；青龙寺区和泸山区为森林、草地、灌木丛的混交区，植被种类较丰富；西北部和西南部的邛海周围则是以水田、旱地为主的农田植被。

从植被类型来看，邛海流域植被具有较为明显的森林垂直分布特征。流域内分布的亚热带植被类型主要有云南松、栎、桉树、银桦、桃、李、梅等树种及稀疏灌丛草坡，种类较丰富。森林植被垂直分布特征表现为：1600～2600m 为云南松纯林、松、栎、樟等针阔混交林及华山松纯林等林型；2600～3200m 地带为栎类、山杨、杜鹃等树种组成的常绿—

落叶阔叶混交林型；3200m 以上以箭竹—冷杉、杜鹃—冷杉红桦林等林型为主。从整个流域森林生态系统来说，云南松占据了优势种的地位，其面积约占森林总面积的90％以上，占流域土地总面积的31.55％。

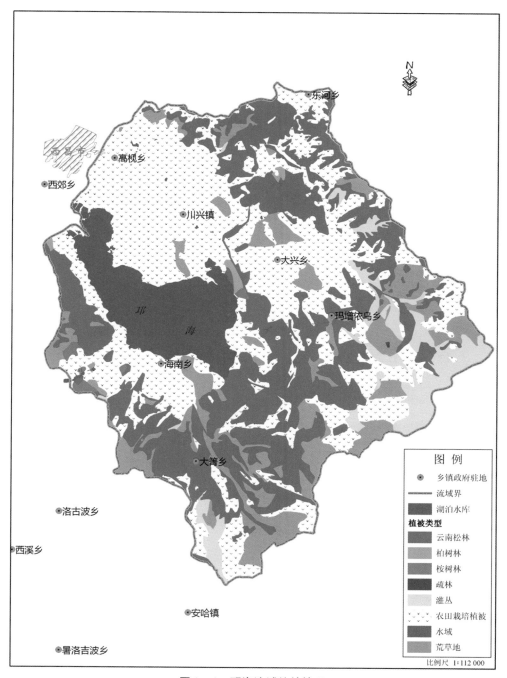

图1-4 邛海流域植被情况

1.2 社会经济概况

1.2.1 邛海流域人口

邛海流域范围涉及西昌市、昭觉县及喜德县部分地区，具体包括：西昌市新村办事处、川兴镇、海南乡、高枧乡、大兴乡全部及西郊乡、大箐乡部分地区；昭觉县的玛增依乌乡及普诗乡大部分地区；喜德县东河乡部分地区。邛海流域总人口（以乡镇为单位）为99570人。

表1-4 邛海流域人口、面积、人口密度统计

县（市）	辖区	总人口（人）	面积（平方公里）	人口密度（人/平方公里）
西昌市	海南乡	6043	10	604
	大箐乡	4383	88.5	49
	大兴乡	6531	37.5	174
	高枧乡	14353	12	1196
	川兴镇	23782	32	743
	西郊乡	28993	27.2	1065
	新村办事处	10294	——	——
昭觉县	玛增依乌乡	2945	——	——
	普诗乡	1313	——	——
喜德县	东河乡	933	——	——
合计	——	99570	——	——

1.2.2 经济发展状况

（1）产业发展

西昌市近年来保持了稳定持续的发展，2013年实现地区生产总值296.79亿元，按可比价格计算，比上年增长19.5%。其中：第一产业实现303278万元，增长4.4%；第二产业实现1520453万元，增长32%；第三产业实现1144190万元，增长10.5%。按常住人口计算，全市人均GDP达到41010元。在经济结构方面，2013年三次产业占GDP的比重分别为10.22%、51.23%和38.55%。

民营经济：全年民营经济生产总值为 1499372 万元，按可比价格计算，比上年增长 24%。其中，第一产业实现 94703 万元，增长 4.4%；第二产业实现 844890 万元，增长 33.6%；第三产业实现 559779 万元，增长 15.5%。民营经济生产总值占地区生产总值的比重为 50.5%，比上年提高 1.9 个百分点，对经济增长的贡献率达 59.6%。

农业和农村经济持续发展。全年农林牧渔业总产值为 497762 万元，比上年增长 13.4%，其中农业总产值 230896 万元，增长 7.6%；林业总产值 15275 万元，增长 26.7%；牧业总产值 233854 万元，增长 19.6%；渔业总产值 17737 万元，增长 8.2%。

2013 年全年全社会固定资产投资额完成 2582284 万元，比上年增长 28.2%。在各类投资中，基本建设投资 2045279 万元，比上年增长 38.95%；房地产开发投资 226618 万元，增长 29.61%；更新改造投资 310387 万元，比上年下降 15.55%。

（2）农业生产现状

邛海流域的农业经济中，农（种植业）牧比例较大，渔业也占一定比例，林业所占比例较小。查阅西昌市、喜德县、昭觉县近年来的相关统计数据，得知邛海流域农业（种植业）约占 50%，畜牧业占 27%，渔业占 21.3%，林业占 1.7%。

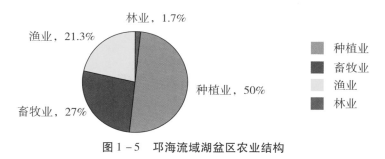

图 1-5　邛海流域湖盆区农业结构

1.3　流域水土资源保护现状

1.3.1　水资源量情况

邛海流域内多年平均水资源总量为 1.55 亿 m^3，换水周期为 834 天（2.2 年）。多年平均降雨量为 1030mm，显著高于全国多年平均降雨量（642.4mm），略高于四川省多年平均降雨量（976.9mm）。降水时空分布不均，年径流量集中在 5～10 月，其间的降水量占全年的 80% 以上，暴雨形成洪峰较快，洪水持续过程多在 6～12 小时内，洪水含沙量高，洪水陡涨陡落，多呈单峰。流域多年平均径流深 479mm，多年平均径流量为 1.473 亿 m^3，其中陆面 1.208 亿 m^3，湖面 0.265 亿 m^3。邛海湖盆区地下水含水层类型有松散岩类孔隙水和碎屑岩类孔隙裂隙水两大类型，前者广泛分布于邛海盆地川兴镇一带，后者分布于邛海西侧新村一带，地下水资源总量为 832 万 m^3。

邛海流域产水模数为 $47.9 \times 10^4\,m^3/km^2$，其中排泄入河道的地下水占地表径流的

11.7%。按 2010 年人口和耕地计，人均占有水量 1568m³，亩均占有水量 2804m³，均低于全市人均 2248m³、亩均 3408m³ 的实际水平。2001 年，开发利用水资源量 6907 万 m³，开发利用率为 44.6%，高于国际水资源开发利用警戒线（40%），开发利用程度较高，开发潜力不大。随着邛海周边城市规模扩大，人口剧增，水资源供需矛盾将更为突出。邛海湖水量调节为人工控制，邛海湖水位和蓄水量调节受控于海河泄流出口处建造的水闸，通过控制水闸开启度，控制湖面水位和向下游海河的泄流或泄洪过程，将邛海湖水位变幅控制在 1.0 ~ 1.5m 范围内。海河出流口处河床高程为 1507.87m，人工控制邛海湖最高湖面水位 1510.3m，相应湖水容积为 2.65 亿 m³，最低控制水位 1509.2m，邛海湖历史最大泄洪流量为 60m/s。

泥沙不断入侵邛海湖体，致使邛海湖体面积和水深不断减小，若不采取措施，预计大约在 1300 年后邛海消亡。根据 1952 年到 2013 年邛海面积、水深数据的变化，可知前 50 年萎缩速度较快，近 10 年萎缩速度变缓。邛海面积从 1952 年的 31km² 减少到 2003 年的 27.4km²，按 50 年计算，则邛海平均每年约减少 7.2 万 m²，50 年邛海面积萎缩 11.6%，邛海的库容由 1952 年的 3.2 亿 m³ 减少到 2003 年的 2.93 亿 m³，最大水深和平均水深也由原来的 34.0m、14.0m 减少到 2003 年的 18.32m、10.95m。据实地调查与测量，2010 年的邛海面积为 27km²，2003 年到 2010 年的 8 年邛海平均每年约减少 5 万 m²（75.07 亩），8 年邛海面积萎缩 1.45%，说明近年来邛海流域水土保持措施的实施对入海泥沙起了一定的控制作用，如 2003 年到 2009 年在开展工程治理的青河、鹅掌河泥沙淤积有一定的减弱，但其他未进行工程治理的流域依然十分严重，官坝河仅 2008 ~ 2009 年 1 年多时间河口泥沙就前进约 90m，高沧河前进约 20m。官坝河历史上曾多次爆发大规模泥石流，泥沙淤积使邛海的水深变浅，调节水源的能力降低，1998 年 7 月 6 日官坝河发生百年一遇的泥石流，1998 年全年泥沙推进 172m，推进面积 0.089km²，淤泥体积为 68.97 万 m³。自 1998 年到 2009 年的 12 年间，官坝河泥沙向邛海推进了 655m，年平均推移 55m，淤积邛海水面面积 302.84 亩，年均淤积量为 15.09 万 m³。

表 1 - 5　官坝河入海口泥沙淤积情况分析

时间	推进面积（km²）	平均深度（m）	体积（m³）	平均每年体积（m³）	淤积量（万 m³）
1998 年	0.089	7.75	689750	689750	68.98
1999 年至 2006 年	0.102	9.75	994500	123125	99.45
2007 年至 2009 年	0.011	11.5	126500	42166	12.65
1998 年至 2009 年	0.202	29	1810750	855041	181.08

1.3.2　土地利用情况

邛海流域土地利用以林地为主，约占流域总面积的 46.3%，其中园地所占比例很小，主要分布于城市边缘；其次为耕地，约占 34.2%，其中以旱地的比重较大，占耕地面积的

55.7%；水域、草地、居民及建设用地类型所占面积比重相对较低，均不及 10%。邛海流域以林地为主导的土地利用类型发挥着重要的生态优化功能，对流域生态系统的维护具有不可替代的意义。耕地类型的相对优势，在一定程度上体现出人类在邛海流域开发活动的强烈程度。

表 1-6　邛海流域主要土地利用类型面积及其所占比例

一级分类	二级分类	面积（km²）	比例（%）
耕地	旱地	58.52	34.2
	水田	46.59	
居民地		17.26	5.6
林地	有林地	140.62	46.3
	园地	1.57	
草地		14.25	4.6
水域		27.17	8.8
未利用地		1.26	0.5

①邛海流域内土地利用类型以林地和耕地为主，耕地主要集中在湖盆区内，山区半山区则以林地为主。

②耕地中水田少，旱地多，耕地生产力水平差异大，湖盆区耕地生产力明显高于山区。流域中水田集中分布在湖盆区，旱地则主要分布在山区半山区，且多以坡旱地为主，陡坡垦殖现象突出，水土流失现象比较严重。区内坡度大于 25° 的耕地面积为1454.23hm²，占耕地面积的 15.7%。其中山区半山区有 1246.96hm²，占坡耕地总面积的85.7%。湖盆区坡耕地集中分布在邛海东岸官坝河及青河下游，面积较小。

③湖盆区内非农业生产用地逐年增加，农业用地与非农业建设用地矛盾日趋突出。近年来，随着农村经济和小城镇建设的快速发展，湖盆区内非农业生产用地增长较快，且占用的大多为区内的高产稳产良田和好地。

④林地集中分布在邛海中上游山区，且多数为人工云南松林，森林抗干扰能力较差，极易遭受森林火灾和病虫害。

1.3.3　水土流失情况

邛海流域水土流失面积以轻度侵蚀为主，占流域面积的 32.59%；其次是中度侵蚀，占 27.56%；极强度侵蚀和剧烈侵蚀面积依次降低，分别占 7.9% 和 5.57%。由于近年来进行了退耕还林、坡改梯地和部分山溪河的治理工程，强度侵蚀面积减少，占邛海流域总面积的 3.88%。从水土流失量来看，以剧烈侵蚀流失量为最大，占总流失量的 30.94%；其次是中度侵蚀，占 24.70%；再次是极强度侵蚀，占 23.59%。

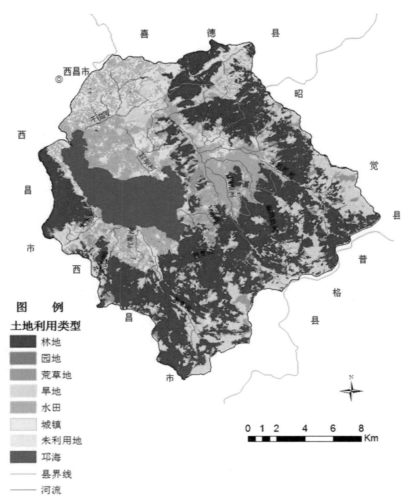

图 1-6 邛海流域土地利用现状

（1）官坝河、鹅掌河和干沟河流域的土壤侵蚀比较严重

官坝河、鹅掌河和干沟河流域的面积分别为 134.56km²、50.18km² 和 41.76km²，依次占邛海流域总面积的 48.00%、17.90% 和 14.89%。在各类侵蚀面积中，中度及以上侵蚀面积也主要分布在官坝河、鹅掌河和干沟河流域，依次分别占邛海流域中度及以上总侵蚀面积的 50.37%、20.07% 和 10.68%。年土壤流失量分别为 54.51 万 t、18.86 万 t 和 11.47 万 t，依次占总侵蚀量的 51.09%、17.68% 和 10.75%。所以，邛海流域水土流失量一半以上分布在官坝河流域。官坝河流域中以张把司河和凹琅河流域的水土流失占多数，分别达到了 22.34 万 t 和 12.49 万 t。但是值得注意的是，黄瓜窑、踏沟河和大沟河三个小流域，虽然面积比较小，但是年土壤侵蚀量均达到了 3.00 万 t 以上。

（2）水土流失面积以轻度侵蚀最多，其次是中度侵蚀

邛海流域水土流失面积中，轻度侵蚀面积为 91.38km²，占 32.59%；其次是中度侵蚀面积，为 77.27km²，占 27.56%。这两类土壤侵蚀面积占水土流失面积的 60.15%，占了

一半以上。

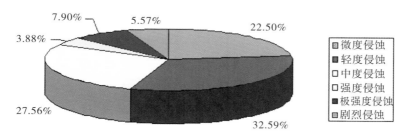

图1-7 邛海流域各类型侵蚀所占面积比例

（3）土壤侵蚀情况以旱地最为严重，其次是林地

从土地利用类型看，旱地面积为58.52km²，土壤侵蚀量约为50.22万t，占总量的47.07%，侵蚀情况最为严重；其次是林地，面积为142.19km²，土壤侵蚀量约为39.54万t，占37.07%，主要包括常绿阔叶林、常绿针叶林和落叶阔叶林等；再次是园地，面积占1.57%，但土壤侵蚀量占14.26%，主要为乔木园，需特别注意；而城镇、河流/湖库、荒草地和水田四种土地类型的土壤侵蚀量共占1.60%。

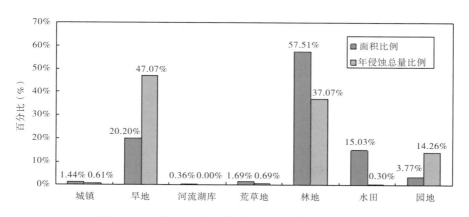

图1-8 不同土地利用类型面积与土壤侵蚀量比例

（4）非耕地水土流失面积以轻度面蚀为主，而坡耕地水土流失面积以中度面蚀为主，沟蚀均为轻度侵蚀

非耕地轻度面蚀占56.62%，占了一半以上，中度面蚀占43.38%。坡耕地（包括旱地和水田）以中度面蚀为主，占59.25%。

（5）龙沟河平均土壤侵蚀模数最大

邛海流域的平均土壤侵蚀模数在中度侵蚀以上（大于5000 $t \cdot km^{-2} \cdot a^{-1}$）的有龙沟河、黄瓜窑和踏沟河三个流域，分别达到了6086.43 $t \cdot km^{-2} \cdot a^{-1}$、5295.23 $t \cdot km^{-2} \cdot a^{-1}$和5124.82 $t \cdot km^{-2} \cdot a^{-1}$。流域在中度侵蚀以下的以红眼沟为最大，青河次之，平均土壤侵蚀模数为4781.17 $t \cdot km^{-2} \cdot a^{-1}$。其中，官坝河流域中的张把司河小流域的土壤侵蚀模数最大，为4671.88 $t \cdot km^{-2} \cdot a^{-1}$。具体情况见图1-9。

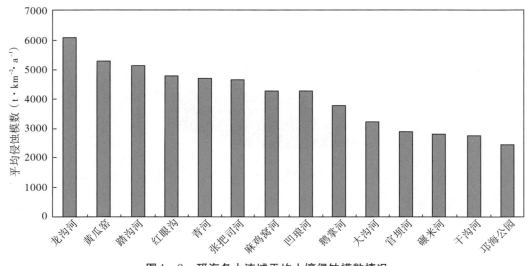

图 1-9　邛海各小流域平均土壤侵蚀模数情况

1.4　流域水环境质量状况

1.4.1　入湖河流水质状况

（1）年均水质状况

按《地表水环境质量评价办法（试行）》规定，选取《地表水环境质量标准》（GB3838-2002）中除水温、总氮、粪大肠菌群以外的 21 项指标作为评价项目。采用《地表水环境质量标准》（GB3838-2002）进行评价。

2012 年，西昌市邛海入湖河流青河、鹅掌河、官坝河监测断面年均值均达到 II 类水质。邛海入湖支流监测断面水质评价结果见表 1-7。邛海西北岸的土城河、干沟河、壕沟河的 DO、CODcr、BOD5、氨氮、TP、高锰酸盐指数、阴离子表面活性剂均出现不同程度的超标，不能达到《地表水环境质量标准》（GB3838-2002）中的 II 类水质标准，土城河、壕沟河、干沟河部分指标劣于地表水环境质量标准 V 类标准，入湖河流水体环境质量较差。

表 1-7　2012 年邛海主要入湖支流水质评价结果

河流名称	断面名称	水质目标	水质类别	水质状况	断面达标率	主要污染项目/超标倍数
鹅掌河	鹅掌河邛海入湖口	II	III	优	83.3%	TN（0.98 倍）
青河	青河邛海入湖口	II	III	优	91.7%	TN（4.5 倍）
官坝河	官坝邛海入湖口	II	III	优	91.7%	TN（4.43 倍）

注：断面达标率为多次监测中达标次数占总监测次数的百分率

（2）年内入湖河流水质趋势分析

从 2012 年年内逐月监测数据来看，去除青河 3~5 月出现断流外，根据官坝河、鹅掌河、青河主要入河支流 2012 年逐月监测数据，鹅掌河、青河水质状况优于官坝河，三条入湖支流 COD_{Mn}、TP 等指标年内波动较大，TN 指标年内变化趋势较为一致，均在 7 月份达到峰值。三条河超标月份均为 7 月和 11 月，主要污染指标均为 TN。

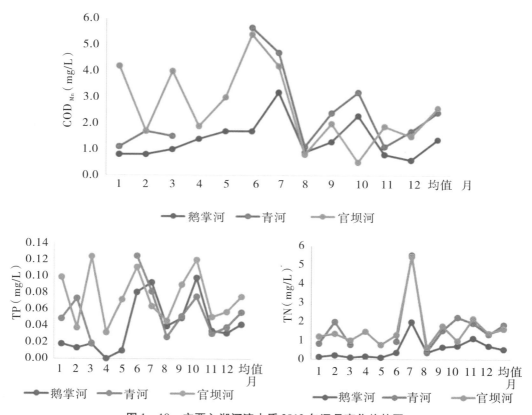

图 1－10　主要入湖河流水质 2012 年逐月变化趋势图

（3）年际入湖河流水质趋势分析

从 2009~2012 年年际逐月水质变化趋势来看，官坝河、鹅掌河、青河三条主要入河支流 TN、TP 数据波动较大，TN、TP 在 5~10 月汛期浓度存在普遍升高的趋势。根据官坝河、鹅掌河和青河 2009~2012 连续四年的例行监测数据，选取高锰酸盐指数、氨氮、总磷、总氮等指标对三条河水质变化进行分析。总体来看，三条入湖河流水质基本保持稳定，高锰酸盐指数、氨氮维持在 Ⅰ~Ⅱ 类之间，总磷、总氮基本为Ⅲ类，三条河流中官坝河水质略差于其他两条河流。从年际监测数据来看，三条主要入湖支流 COD、TP 两项指标总体呈现下降趋势，但 TN 指标则呈现相反趋势，TN 浓度有逐年上升的趋势。

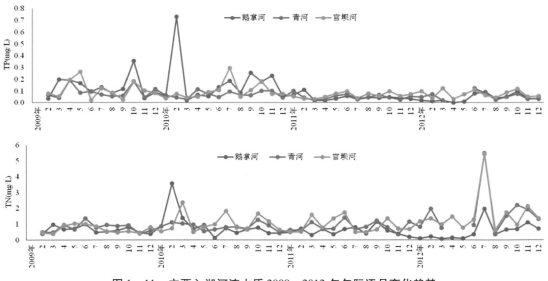

图 1 – 11　主要入湖河流水质 2009 ~ 2012 年年际逐月变化趋势

1.4.2　湖区水质和富营养化情况

（1）水质评价

采用《地表水环境质量标准》（GB 3838 – 2002）Ⅱ类标准进行评价。2012 年邛海监测点 21 项主要监测指标全部达到《地表水环境质量标准》（GB 3838 – 2002）Ⅱ类标准。邛海水质的主要超标因子为总氮和总磷。根据凉山州 2012 年监测结果，总体上，按时间分布，2012 年邛海各监测点第一季度水质状况最好，第三季度最差。按空间分布，湖心监测点水质最好，邛海宾馆监测点水质最差。

根据分层评价结果，邛海各个采样点位表层、中层、底层水质差异不大，水质无明显分层趋势。根据 2013 年 9 月邛海水生态调查结果，13 个水质采样点位中，邛海黄家湾、鹅掌河口、核桃村、海河口等采样点位 TN 浓度较高，海河口、小渔村码头、邛海宾馆等地 TP 显著高于其他点位。

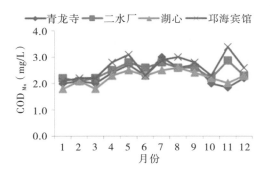

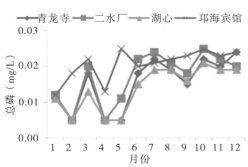

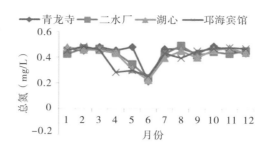

图 1－12 邛海 2012 年水质监测逐月变化

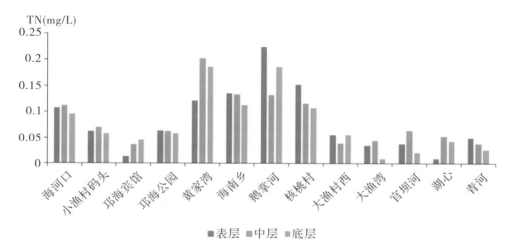

图 1－13 邛海不同监测点位 TN 分层水质状况

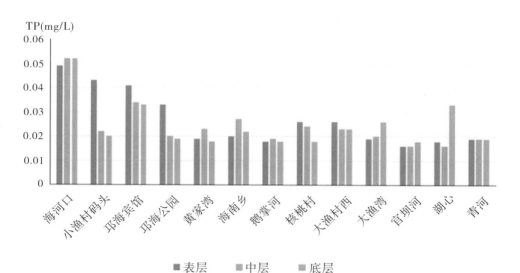

图 1－14 邛海不同监测点位 TP 分层水质状况

（2）水质趋势分析

邛海湖区近 10 年来整体保持在 Ⅱ～Ⅲ 类水的状态，其中总磷、总氮两项指标不能稳定达标，特别是总磷基本维持在 Ⅲ 类。除总磷、总氮外其余指标均能稳定保持在 Ⅱ 类。总体来看，2004～2006 年邛海水质相对较差，2006 年以后水质有所好转，总磷、总氮是邛海的主要污染因子。

总体上，按空间分布，青龙寺、二水厂监测点水质最好，出海口（即海河口）监测点水质最差。从水期来看，总氮、总磷指标丰水期水质相对较差。从近十年总氮和总磷趋势来看，2003～2010 年间邛海 TN 浓度经历了一个先上升后下降的过程，整体在波动中上升，其中出现两个峰值，分别是 2004 年和 2006 年，特别是 2006 年的 TN 值最高，且各监测点变化基本一致，以海河口浓度最高。据调查，邛海周边 2006 年为举办冬旅会，新增及改、扩建了几个大的景点，新增许多大型餐饮娱乐设施，大型人工施工和其他开发活动会对邛海水质总氮浓度和贡献量带来显著影响。

2002～2011 年间邛海 TP 浓度年际变化整体呈现出先减小后增加的趋势，TP 含量在 2006 年出现最低值，随后呈逐渐增加的趋势。特别是海河口的 TP 浓度较其他三个监测点明显要高很多，在 2006 年以后上升趋势非常明显，其他三个监测点中二水厂、青龙寺在 2008 年以后呈现出下降趋势，邛海公园监测点 2008 年后保持稳定，略有上升。原因是政府近年来加大了环湖截污干管的建设，并搬迁了大批农家乐及农村居民，使此段湖水水质有所好转。海河监测点 TP 浓度居高不下，2003 年到 2010 年上升了 67.6%，这与泥沙淤积、底泥释放、海河口周边鱼塘无周期地常年排放"肥水养殖"渔业废水有关。

（3）富营养化状况评价

湖泊富营养化状况评价指标为：叶绿素 a、总磷、总氮、透明度、高锰酸盐指数。分别依据中国环境监测总站湖泊（水库）富营养化评价方法及分级技术规定，采用综合营养状态指数法及地表水资源质量评价技术规程（SL395-2007）对邛海的现状水质进行营养化评价。

2012 年邛海富营养化状态为中营养。然而根据历年监测状况评价，已有中—富营养的趋势出现。富营养化指数中，总氮、总磷指数较高，与邛海总氮、总磷污染严重，泥沙淤积等现状分不开。邛海各监测点的水质营养化指标均在贫营养和中营养之间。

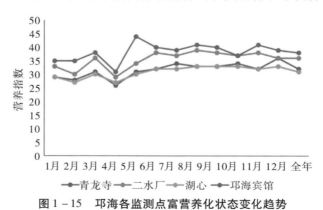

图 1-15 邛海各监测点富营养化状态变化趋势

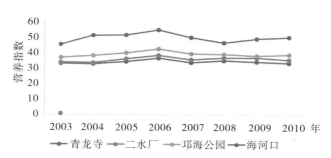

图 1 - 16   2003～2010 年邛海富营养化指数年际变化

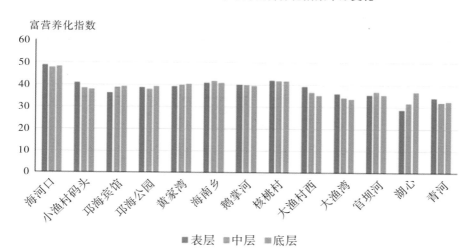

图 1 - 17   邛海监测点分层水质富营养化指数

1.4.3   饮用水水源环境保护现状

根据 2012 年邛海饮用水源地全指标水质监测结果，邛海饮用水源地二水厂取水口 12 个月均达到Ⅱ类水质标准要求；2011 年二水厂取水口有 7 个月达到Ⅱ类水质标准要求，5 个月（2、3、4、6、9 月）达Ⅲ类水质标准要求，主要污染物为总磷、总氮。二水厂取水口监测点年均值达到国家《地表水环境质量标准》（GB3838 - 2002）Ⅱ类水域标准限值要求，达标率为 100%。2012 年西昌市对邛海水源地保护区重新进行了划定，划分后水源保护区范围见表 1 - 8。

表 1 - 8   邛海饮用水水源地保护区范围

保护区级别	各级保护区界址
一级保护区	水域保护区：以取水口为中心，径向 300m 的水域范围 陆域保护区：一级水域保护区沿岸正常水位线以上水平纵深至防护堤堤顶的陆域范围

续　表

保护区级别	各级保护区界址
二级保护区	水域保护区：一级水域保护区外，取水口上游湖面水域和取水口下游至 2800m 处的湖面水域，从官坝河和鹅掌河的入湖口断面上溯 3000m 的水域范围 陆域保护区：湖内二级水域保护区沿岸桃钟电罐站至小河嘴段为正常水位线水平纵深至分水线或隔离堤的陆域范围 在湖西岸缸窑村至下游二级保护区水域边界断面、缸窑村至鹅掌河左岸防护堤和东岸小河嘴至下游二级保护区水域边界断面、鹅掌河右岸防护堤至桃钟电罐站设有防护堤的湖岸段，为湖岸正常水位线以上至以防护堤堤顶的陆域范围 官坝河和鹅掌河沿二级水域保护区河堤内的陆域范围
准保护区	水域保护区：一、二级水域保护区外的水域范围 陆域保护区：邛海湖汇水流域内一、二级陆域保护区外的陆域范围

1.5　流域生态系统现状

1.5.1　陆域生态系统

邛海流域植物区系属泛北极植物区、中国喜马拉雅植物亚区。流域内植被分区属中国喜马拉雅植物亚区的西昌横断山地宽谷亚热带季节型常绿阔叶林区。区内常见乡土树种主要有 62 科 139 属 185 种。邛海流域陆地生态系统可主要分为以自然植被为主形成的森林生态系统和农田植被为主的农田生态系统，其中林业用地面积为 142.19km², 占流域总面积的 46.3%。湖盆区以农田生态系统为主要类型，集中分布以水田、旱地为主的农田植被。

从植被分布来看，邛海流域东部和南部的官坝河、鹅掌河流域的森林较多，但树种较为单一；青龙寺区和泸山区则是森林、草地、灌木丛的混交区，植被种类较丰富；西北部和西南部的邛海周围则是以水田、旱地为主的农田植被。

从植被类型来看，邛海流域植被具有较为明显的森林垂直分布特征。流域内分布的亚热带植被类型主要有云南松、栎、桉树、银桦、桃、李、梅等树种及稀疏灌丛草坡，种类较丰富。流域内森林植被垂直分布的特征具体表现在：1600～2600m 为云南松纯林、松、栎、樟等针阔混交林及华山松纯林等林型；2600～3200m 地带为栎类、山杨、杜鹃等树种组成的常绿—落叶阔叶混交林型；3200m 以上以箭竹—冷杉、杜鹃—冷杉红桦林等林型为主。若从整个流域森林生态系统来说，云南松占据了优势种的地位，其面积约占森林总面积的 90% 以上，占流域土地总面积的 31.55%。

1.5.2　水生态系统

（1）浮游植物

查明邛海湖区记录的藻类植物共有 95 种及变种，分属 8 个门 25 科 42 属。在邛海的藻类区系中，以绿藻门种类最多（占浮游植物群落的 54%），湖体中绿藻门常见物种有小球藻和月牙藻；其次是硅藻门（占浮游植物群落的 34%），硅藻门常见物种有具星小环藻和梅尼小环藻。绿藻和硅藻是浮游植物的优势类群，且常见种类大多是微污水带和乙型中污水带的浮游植物。从生物量来看，邛海绿藻和硅藻是浮游植物的优势类群。

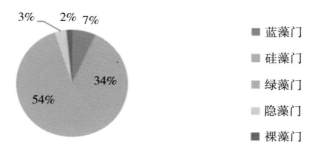

图 1－18　邛海湖体浮游植物群落分布图

从邛海各个点位浮游植物密度和多样性分布来看，浮游植物生物量平均维持在 30 万个/L，香浓威纳指数在 2.5 左右。没有出现明显的梯度变化趋势。大渔湾东的浮游植物的总生物量偏低，维持在 16 万个/L。

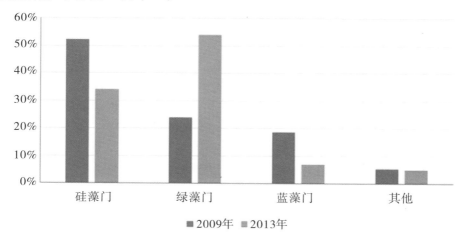

图 1－19　不同年份邛海水体优势浮游植物比例变化

邛海湖内生物量呈显著增加趋势，夏季优势浮游植物种类发生改变。2009 年邛海浮游植物平均生物量为 14.4 万个/L，2013 年浮游植物生物量平均维持在 30 万个/L。邛海水体中的浮游植物绿藻门占浮游植物群落的比例由 2009 年的 23.9% 增长为 2013 年的 54%，硅藻门占浮游植物群落的比例由 2009 年的 52.2% 降低为 2013 年的 34%，邛海优势浮游植物种类已经从 2009 年的硅藻门变为 2013 年的绿藻门。

（2）水生维管植物

邛海共有水生维管植物 77 种，其中蕨类植物 5 种，被子植物 72 种，分别隶属 2 科 3 属和 20 科 47 属。从植物生态类型和生活类型等方面来划分，将邛海水生维管植物分为湖区水生植物、河口滩涂植物和湿生植物三种类型。湖区水生维管植物主要分布在湖区，又可分为挺水、浮叶、漂浮和沉水四种类型。挺水植物以芦苇、茭白、人工栽培的莲群落为主，局部零星分布有泽泻、菖蒲等种类。浮叶植物以菱科植物为主，野菱为原生种类，其余多为人工栽培，常见有二角菱、荇菜、水案板等。漂浮植物以浮萍科植物为主，常见种类有浮萍、品藻、紫萍、满江红等植物，常附生于挺水植物下部水面；水葫芦目前只生长于部分湖湾。沉水植物主要有水鳖科、眼子菜科、小二仙草科、金鱼藻科植物，常见种类有金鱼藻、苦草、菹草、马来眼子菜、大茨藻、狐尾藻等。不同湖区、不同季节种类组成和优势种有所不同。由于过度的围垦开发活动，河口滩涂植物破坏严重。河口滩涂植物主要分布在海南乡以及缸窑村、核桃村、小渔村、唐家湾等沿湖滩涂和官坝河、高沧河、鹅掌河河口边滩，以禾本科和莎草科植物为主，芦苇和茭草是主要的常见植被类型。

湿生植物主要分布在湖湾和滩涂高潮带，水稻田边、荷塘边、水沟边和其他潮湿地带，主要为禾本科、莎草科、蓼科、柳叶菜科、苋科的植物，常见种类有三轮草、李氏禾、双穗雀稗、类芦、水灯草、水葱、丁香蓼、水蓼、水花生等，其中丁香蓼、水花生生长很强盛，常形成单优群落，甚至向水面扩张。

邛海水生维管植物湖区覆盖度日益降低，当前邛海水生维管植物分布面积仅占全湖面积的 1/10 左右。

邛海水生维管植物的最大分布深度为 3m，位于邛海南部岗窑沿岸的局部湖湾；最小分布深度为 1.2m，位于其北岸官坝河入湖口两侧；在张摆沿岸出现荒芜区。水生维管植物主要分布在湖泊的北面、西面和南面，东面由于地势较陡，沙石较多，水生维管植物分布较少。

北片区：从跑马场至唐家湾段，全长约 9.5km 的湖岸，主要分布在 1.2~2m 深的水域，面积约 1.22km²。水生维管植物群落主要有芦苇群落、茭白群落、菱角群落、莲群落、狐尾藻群落、红线草群落、马来眼子菜群落和苦草群落 8 个群落类型。

西片区：范围从小渔村码头至邛海公园段全长约 7km 的湖岸，主要分布在 2m 深的水域，面积约 0.85km²。该片区的水生植物群落主要为芦苇群落、茭草群落、菱角群落、野菱群落、苦草群落、金鱼藻群落、狐尾藻群落和黑藻群落 8 个群落类型。

南片区：范围从黄家堡子至杨家堰段全长约 12km 的湖岸，主要分布在 2~3m 深的水域内，面积约 0.50km²。该片区的水生植物群落主要为芦苇群落、茭白群落、莲群落、菱角群落、野菱群落、荇菜群落、满江红群落、苦草群落、金鱼藻群落、狐尾藻群落、黑藻群落和红线草群落 12 个群落类型。

其余在东部零星分布着金鱼藻群落、狐尾藻群落、苦草群落，面积约 0.23km²，分布深度大约在 2m 内水域。在湖湾部分除主要分布芦苇群落、茭草群落、类芦群落、莲群落外，还常常分布着水蓼群落、丁香蓼群落、凤眼莲群落、水花生群落类型，其中，凤眼莲群落、水花生群落等群落类型是典型的生态入侵物种，特别是凤眼莲群落，现阶段虽然只分布在部分湖湾，但应特别警惕其对湖面的威胁。在整个邛海湖泊中，水生维管植物分布面积总共约 2.8km²，包括芦苇群落、荇草群落、莲群落、菱角群落、野菱群落、荇菜群落、满江红群落、金鱼藻群落、狐尾藻群落、苦草群落、马来眼子菜群落、红线草群落、黑藻群落、凤眼莲群落、水蓼群落、丁香蓼群落、水花生群落 17 个群落类型。

由于 1998 年海河洪水倒灌，导致邛海北岸数千亩水生植物死亡。目前跑马场至老官坝河沿岸水生植物仅有狐尾藻，植株被泥沙覆盖呈红色，生长情况较差，群落覆盖度不到 30%。

（3）浮游动物

邛海有浮游动物 42 种，以枝角类和桡足类为优势类群，全部浮游动物总生物量为 505t。主要种类见表 1-9。从总体密度分布来看，密度最大的为桡足类，占浮游动物群落的 86%，其次是枝角类、原生动物、轮虫，分别占浮游动物群落的 5%、5%、4%。邛海流域浮游动物分布的常见物种为桡足类毛饰拟剑水溞和中华哲水溞、僧帽溞。总体来看，邛海浮游动物物种组成体现了典型的淡水湖泊特征。

表 1-9 邛海浮游动物种类

类型	动物名称
原生动物	大变形虫、蛞蝓变形虫、砂壳虫、表壳虫、测胞虫、榴弹虫、袋形虫、半眉虫、针管虫、筒壳虫、似饱壳虫、钟形虫、草履虫
轮虫类	轮虫、臂毛轮虫、裂足轮虫、龟甲轮虫、单趾轮虫、晶囊轮虫、多肢轮虫、三肢轮虫
枝角类	秀体溞、仙达溞、盘肠溞、船卵溞、裸腹溞、象鼻溞
桡足类	大型中剑溞、剑水溞、真剑水溞、毛饰拟剑水溞和中华哲水溞、僧帽溞

（4）鱼 类

邛海的土著鱼类共有 20 种，分隶 5 目 8 科 20 属；有 20 种外来鱼类，分属 5 目 14 科 19 属。土著鱼类中以鲤科种类最多，有 11 种，其次为鳅科 3 种，余下鲇科、鳘科、鲀头鮴科、青鳉科、合鳃鱼科、鳢科各 1 种。邛海鲤、邛海白鱼和邛海红鲌，是邛海湖内的特有种。

邛海土著鱼类种群和数量将渐趋减少，土著种处于商业性灭绝状态。目前，湖中的赤眼鳟、邛海鲤、邛海白鱼和粗唇鮴等鱼类由于受到影响，种群数量正在急剧减少，仅偶尔采到少数标本。随着人工引进鱼类的种类和数量的增多，捕捞强度的增加，土著鱼类的种群数量将渐趋减少。邛海红鲌在 20 世纪 60 年代渔获量中约占 30%，80 年代由 20% 下降到 7% 左右。

（5）底栖动物

邛海现有底栖动物 16 属 29 种，其中环节动物门 2 属 3 种，分别占总数的 12.50% 和 10.34%；软体动物门 5 属 12 种，分别占总数的 31.25% 和 41.38%；节肢动物门 9 属 14 种，分别占总数的 56.25% 和 48.28%。

从总体密度分布来看，密度最大的为寡毛类，占底栖动物群落的78%，其次是软体类和水生昆虫类。分别占底栖动物群落的14%和8%。该流域底栖动物分布的常见物种为寡毛类的克拉伯水丝蚓。克拉伯水丝蚓在淡水水体中耐污性强，能够在较低的溶解氧状态下大量繁殖存活。

邛海现有底栖动物种类较少、生物多样性偏低。邛海底栖动物的多样性指数偏低表明目前邛海的水质逐渐变差，部分区域有由轻营养型向中营养型过渡的趋势，这与邛海水质现状反映出来的趋势是一致的。

（6）两栖动物

通过实地调查与查阅相关文献资料，经鉴定分析，邛海的两栖动物共计9种，隶属1目5科7属，即无尾目5科7属9种：优势科是蛙科，分布有3属4种；其次是蟾蜍科，分布有1属2种；角蟾科、姬蛙科、雨蛙科各有1属1种。

（7）水 鸟

有冬候鸟53种，分属7目8科，其中鸭科种类占该冬候鸟总数的50%，鹭科种类占22.8%，鹬科、䴘科种类各占9.1%，秧鸡科、鸥科种类各占4.5%。优势种群为秧鸡科的骨顶鸡，占总数的82.5%；普通种群为池鹭、红嘴鸥、小䴙䴘、绿头鸭。

表1－10 邛海鸟类名录

中文名	拉丁名	中文名	拉丁名
针尾鸭	*Anas acuta*	海鸥	*Larus canus*
琵嘴鸭	*Anas clypeata*	红嘴鸥	*Larus ridibundus*
绿翅鸭	*Anas crecca*	白秋沙鸭	*Mergus albellus*
罗纹鸭	*Anas falcata*	赤嘴潜鸭	*Netta rufina*
绿头鸭	*Anas platyrhynchos*	棉凫	*Nettapus coromandelianus*
斑嘴鸭	*Anas poecilorhyncha*	夜鹭	*Nycticorax nycticorax*
灰雁	*Anser anser*	鸬鹚	*Phalacrocorax carbo*
苍鹭	*Ardea cinerea*	凤头䴙䴘	*Podiceps cristatus*
池鹭	*Ardeola bacchus*	红胸田鸡	*Porzana fusca*
斑背潜鸭	*Aytha marila*	普通秧鸡	*Rallus aquaticus*
红头潜鸭	*Aythya ferina*	小䴙䴘	*Tachybaptus ruficollis*
凤头潜鸭	*Aythya fuligula*	赤麻鸭	*Tadorna ferruginea*
白眼潜鸭	*Aythya nyroca*	林鹬	*Tringa glareola*
鹊鸭	*Bucephala clangula*	矶鹬	*Tringa hypoleucos*
青脚滨鹬	*Calidris temminckii*	白腰草鹬	*Tringa ochropus*

续　表

中文名	拉丁名	中文名	拉丁名
针尾沙锥	*Callinago stenura*	灰头麦鸡	*Vanellus cinereus*
金眶鸻	*Charadrius dubius*	黑水鸡	*Gallinula chloropus*
剑鸻	*Charadrius hiaticula*	紫水鸡	*Porphyrio porphyrio*
大白鹭	*Egretta alba*	白胸翡翠	*Halcyon smyrnensis*
白鹭	*Egretta garzatta*	棕头鸥	*Lurus brunnicephalus*
中白鹭	*Egretta intermedia*	牛背鹭	*Bubulcus ibis*
骨顶鸡	*Fulica atra*	白琵鹭	*Platalea leucorodia*
董鸡	*Gallicrex cinerea*	金鸻	*Pluvialis dominica*
扇尾沙锥	*Gallinago gallinago*	灰斑鸻	*Pluvialis squatarola*
鹮嘴鹬	*Ibidorhyncha struthersii*	冠鱼狗	*Ceryle lugubris*
栗苇鳽	*Ixobrychus cinnamomeus*	棕胸佛法僧	*Coracins benghalensis*
黄苇鳽	*Ixobrychus sinensis*		

1.5.3　沉积物状况

（1）基本概况

邛海的湖底沉积物，自上而下分为：淤积底泥层→黏土层/植物根系层→钙质黏土层。淤积底泥层：颜色发黑（褐灰色、灰黑色），呈流状—流塑状，含腐化变黑的植物残体（碎屑），有腐臭味。淤积底泥层形成于20世纪80年代初，有机质、N、P等污染物的含量较正常沉积层有明显的增量，与下部沉积层界线明显，为突变关系，是人为富营养化的产物。植物根系层：黄灰色，厚度1～15cm，发育非常不充分，与邛海湖泊形成及演化时间短有关。黏土层颜色灰色，含少量或不含植物碎屑，是湖泊形成的地质基底。

根据历史勘察结果，底泥水平分布情况如下：西北片区（团结村—跑马场），由于历史上海河回淤的原因，是全湖淤积最严重的区域，其平均湖底标高为1504.5～1505.5m，平水期水深为0.5～1.5m。底泥呈黑色或红黑色，湖床上基本没有水生植被；北片区（官坝河口），由于水土流失等原因，局部淤积严重，底泥颗粒较粗，呈红黑色，有较明显的有机质成分，氮、磷含量高于地区背景值；中部片区，淤泥厚度相对较小，颗粒细，呈红色或红黑色，湖床有成片的水生植被存在。

（2）沉积物污染状况评价

邛海底泥以氮、磷污染为主，属于营养盐污染底泥。根据氮磷释放量衡算模型计算结果，邛海底泥总氮年释放量约为243.63t，平均释放速率为24.3mg/（m² · d）；总磷年释放量约为93.28t，平均释放速率为9.3mg/（m² · d），根据污染物的降解速率计算，邛海湖体中底泥贡献的氮磷量分别为 94.19t 和 4.76t，分别占湖体氮、磷贡献总量的 40% 和 48%。

底泥中重金属含量较少，砷（As）和汞（Hg）的含量均低于《土壤环境质量标准》GB15618 - 2008 一级标准。底泥中 As 含量由表层的 10.70mg/kg 降低到深层的 3.92mg/kg，竖向分布规律明显；Hg 含量较低，其中表层底泥 Hg 含量为 0.08mg/kg，往下各层基本保持在 0.04mg/kg 左右。均低于《土壤环境质量标准》（GB 15618 - 1995）的一级标准中规定的浓度（砷 15mg/kg，总汞 0.15mg/kg）。

表层底泥中 TN、TP 和有机质含量要高于底层底泥的相应含量，说明近些年底泥中污染物含量有所上升，并且底泥竖向分布中 TN、TP 的差异并不显著，但有机质含量的竖向差异较为显著，表明近些年有机污染逐步加重，需要加强污染控制与管理。

鹅掌河、官坝河沿岸农药使用对邛海底泥有机磷农药富集造成了一定程度的影响。有机磷农药除乐果外，其他有机磷（如敌百虫、对硫磷、甲基对硫磷和马拉硫磷）基本低于 0.005g/kg 的检出限。其中乐果微溶于水，在 45 个样品中有 13 个样品监测结果大于等于 0.02g/kg，高于人的最高忍受剂量 0.2mg/kg。这表明用于防治蔬菜、果树、粮食等作物的农药乐果，在邛海流域施用较多，一旦释放到水中会污染水源水体，危害人体健康。邛海底泥中有机氯农药含量均低于相应检出限，底泥基本未受到有机氯农药污染。

邛海近两年的底泥中的多氯联苯（PCBs）含量上升趋势明显。本项目对湖心的底泥进行了 PCBs 检测，结果显示各层底泥的 PCBs 含量均低于检出限，表层底泥 PCBs 含量为 0.008mg/kg，低于美国的最低标准限值。（注：自然界中普遍存在多氯联苯，容易在空气、土壤和生物样品中检出 PCBs。PCBs 活性不强但常常在水、空气和土壤表面迁移。我国 PCBs 生产主要发生在 1965～1974 年间，主要用作电力电容器的浸渍剂，油漆等工业产品添加剂，生活中常见于电力变压器、建筑材料如填缝材料、天花板、照明灯具、镇流器等。）

湖泊底泥中的污染物在外部条件如温度、pH 值，浓度及水体扰动情况适合时，会从底泥中释放进入水体，成为水体的内污染源。由于内污染源的存在，使得当入湖营养盐减少或完全截污后，水体仍处于富营养化状态。邛海底泥 TN 处于轻度污染和中度污染之间，TP 处于轻度污染水平。有机磷农药乐果在表层底泥中检出频率较高，可以推断在近 3～5 年间，鹅掌河、官坝河的农药使用对邛海的底泥造成了一定程度污染。有机氯农药六六六、DDT、硫丹等污染物在深层累积较为明显，这与 20 世纪 90 年代之前农药的使用量较大有关。As 和 Hg 含量高于美国联邦重度污染限制，但低于加拿大安大略湖底泥污染物浓度标准上限值。

2 邛海水环境研究

2.1 邛海水环境质量动态评价

2.1.1 邛海水质监测布点

本次研究主要分析 2007～2012 年的常规监测数据（根据凉山州环境监测站 2007～2012 年连续 6 年的邛海水质监测结果），监测点有四处（图 2 - 1），分别为：青龙寺、距西昌市第二水厂取水口 150m 处、邛海公园和邛海出水口处，每月监测一次，监测因子主要有总磷、COD_{Mn}、总氮、叶绿素 a 和透明度，以及项目组 2013 年、2014 年在邛海取得的水质监测数据（监测点位见图 2 - 2）。

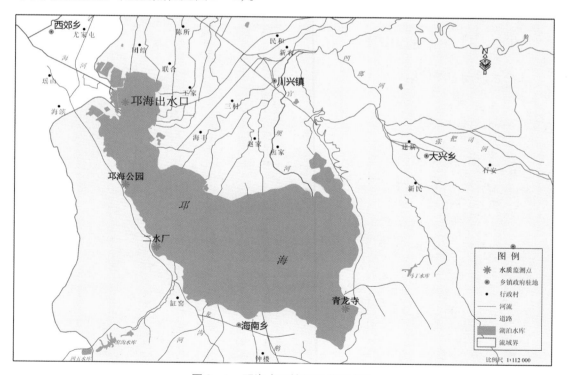

图 2 - 1 邛海水环境因子监测点位

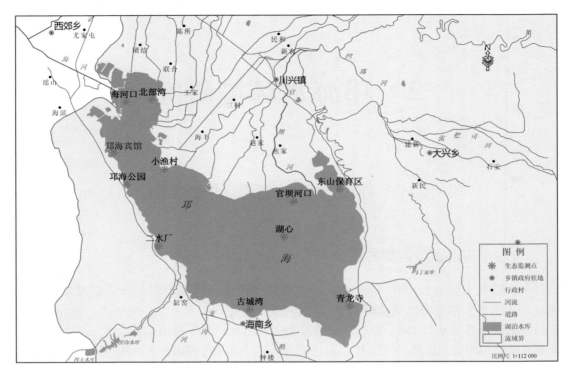

图 2 - 2　邛海水生态监测点位

2.1.2　邛海水质动态评估

邛海水质动态评估结果见图 2 - 3～图 2 - 7。

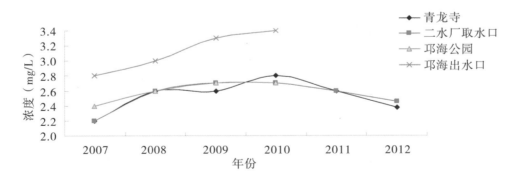

图 2 - 3　COD$_{Mn}$ 浓度年变化情况

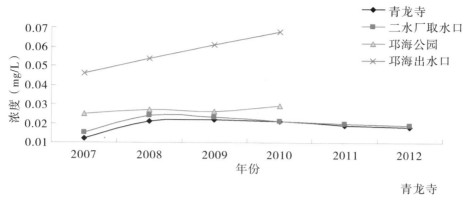

图 2 - 4 TP 浓度年变化情况

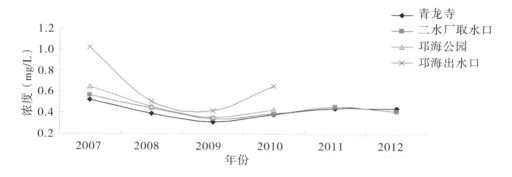

图 2 - 5 TN 浓度年变化情况

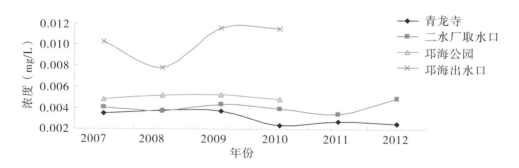

图 2 - 6 叶绿素 *a* 浓度年变化情况

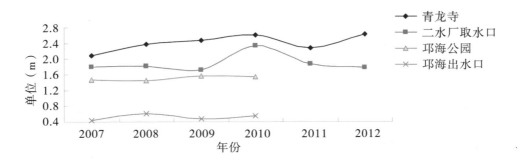

图2-7　透明度年变化情况

①从青龙寺、二水厂取水口、邛海公园和邛海出水口这4个水质监测点的水质整体情况看，青龙寺附近的水质情况较好，二水厂取水口处和邛海公园附近的水质次之，邛海出水口附近的水质较差。

②纵观青龙寺监测点附近水质，2007年，该监测点处水质超标因子为TN和透明度，超标倍数分别为0.044和0.48，其余监测因子均达到Ⅱ类水质标准；2008～2012年，该监测点处只有透明度超标，超标倍数分别为0.405、0.38、0.35、0.43和0.345，其余监测因子均达到Ⅱ类水质标准。2008～2012年，该监测点的水质维持在较好的水平。

③二水厂取水口附近的水质，2007年水质超标因子有3项，分别为TN、叶绿素a和透明度；2008年、2010年和2011年仅透明度超标；2009年和2012年超标因子为叶绿素a和透明度，其余水质指标在2007～2012年6年内均达到Ⅱ类水质标准。

④邛海公园附近的水质变化趋势与二水厂取水口附近的水质基本保持一致。

⑤邛海出水口附近的水质整体有所好转，从透明度来看，2007～2012年，该项水质监测指标的超标倍数分别为0.89、0.845、0.8825、0.56、0.635和0.66。

⑥从图中各项水质指标的年变化趋势来看，邛海流域水体中有机物耗氧量COD_{Mn}的浓度变化趋势为先升后降，在2010年达到最大值，2011年和2012年有所下降，在监测的6年时间内，COD_{Mn}的浓度一直保持在Ⅱ类水质标准限值内。水体中营养元素TN和TP的变化不是十分明显，2009年，4个水质监测点的TN浓度均达到最小值，后3年又有所上升。叶绿素a浓度在邛海出水口附近变化较大，在其余3个监测点处的变化不明显。透明度的变化趋势在4个监测点处均保持平稳。总体来看，邛海水质在青龙寺、二水厂取水口和邛海公园附近保持较好的水平，邛海出水口附近水质较差。

2.2　邛海富营养化状态评价

2.2.1　评价方法与参数

①评价方法：采用中国环境监测总站推荐的湖泊（水库）富营养化评价方法和分级技术规定的综合营养状态指数法。

②评价参数：透明度（SD）、高锰酸盐指数（COD_{Mn}）、总氮（TN）、总磷（TP）、叶绿素 a（Chl. a）5 个。

③计算公式：

$$TLI(\Sigma) = \sum_{j=1}^{m} W_j \times TLI(j)$$

式中：$TLI(\Sigma)$——综合营养状态指数；

W_j——第 j 种参数的营养状态指数的相关权重；

$TLI(j)$——第 j 种参数的营养状态指数。

以 Chl. a 作为基准参数，则第 j 种参数的相关权重计算公式为：

$$W_j = \frac{r_{ij}^2}{\sum_{j=1}^{m} r_{ij}^2}$$

式中：r_{ij}^2——第 j 种参数与基准参数 Chl. a 的相关系数；

m——评价参数的个数。

中国湖泊（水库）部分参数与 Chl. a 的相关系数 r_{ij} 和 r_{ij}^2 值见表 2 – 2。

表 2 – 1　中国湖库部分参数与 Chl. a 的相关系数 r_{ij} 和 r_{ij}^2 值

参数	Chl. a	TP	TN	SD	COD_{Mn}
r_{ij}	1	0.84	0.82	– 0.83	0.83
r_{ij}^2	1	0.7056	0.6724	0.6889	0.6889
W_j	0.2663	0.1879	0.179	0.1834	0.1834

营养状态指数计算公式：

TLI（Chl. a）$= 10$（$2.5 + 1.086 \ln$Chl. a）

TLI（TP）$= 10$（$9.436 + 1.624 \ln$TP）

TLI（TN）$= 10$（$5.453 + 1.694 \ln$TN）

TLI（SD）$= 10$（$5.118 - 1.94 \ln$SD）

TLI（COD_{Mn}）$= 10$（$0.109 + 2.661 \ln COD_{Mn}$）

式中，Chl. a 单位为 mg/m^3；SD 单位为 m；其他参数单位为 mg/L。

④富营养状态分级标准。

富营养状态分级标准如下：

$TLI(\Sigma) < 30$　　　　贫营养；

$30 \leqslant TLI(\Sigma) \leqslant 50$　　中营养；

$50 < TLI(\Sigma) \leqslant 60$　　轻度富营养；

$60 < TLI(\Sigma) \leqslant 70$　　中度富营养；

$TLI(\Sigma) > 70$　　　　重度富营养。

2.2.2　评价结果及讨论

采用综合营养状态指数法对邛海 2007～2012 年常规监测资料进行富营养化状态评价，

结果分别见表2-2~表2-7。

表2-2 2007年邛海富营养化状态评价结果

点位	TLI (Chl.a)	TLI (TP)	TLI (TN)	TLI (SD)	TLI (COD_{Mn})	TLI (Σ)	营养状态
青龙寺	8.2238	11.6998	8.8726	8.2548	1.871	38.9220	中营养
二水厂取水口	8.4174	11.9955	8.9721	8.4868	1.871	39.7428	中营养
邛海公园	8.6407	12.6725	9.1573	8.7911	2.0554	41.3170	中营养
邛海出水口	9.5866	13.4805	9.7547	10.655	2.3822	45.8590	中营养

*依据2007年青龙寺、二水厂取水口、邛海公园和邛海出水口4个常规监测点资料

表2-3 2008年邛海富营养化状态评价结果

点位	TLI (Chl.a)	TLI (TP)	TLI (TN)	TLI (SD)	TLI (COD_{Mn})	TLI (Σ)	营养状态
青龙寺	8.3276	12.4414	8.4583	8.0466	2.2251	39.4990	中营养
二水厂取水口	8.3075	12.6184	8.6475	8.4611	2.2251	40.2596	中营养
邛海公园	8.7234	12.7744	8.6974	8.8123	2.2251	41.2326	中营养
邛海出水口	9.2375	13.639	8.8263	10.1251	2.5284	44.3563	中营养

*依据2008年青龙寺、二水厂取水口、邛海公园和邛海出水口4个常规监测点资料

表2-4 2009年邛海富营养化状态评价结果

点位	TLI (Chl.a)	TLI (TP)	TLI (TN)	TLI (SD)	TLI (COD_{Mn})	TLI (Σ)	营养状态
青龙寺	8.3109	12.503	8.1948	7.983	2.2251	39.2168	中营养
二水厂取水口	8.5040	12.562	8.308	8.5484	2.3051	40.2275	中营养
邛海公园	8.7497	12.7244	8.3648	8.6894	2.3051	40.8334	中营养
邛海出水口	9.7359	13.8546	8.5862	10.5331	2.7304	45.4402	中营养

*依据2009年青龙寺、二水厂取水口、邛海公园和邛海出水口4个常规监测点资料

表2-5 2010年邛海富营养化状态评价结果

点位	TLI (Chl.a)	TLI (TP)	TLI (TN)	TLI (SD)	TLI (COD_{Mn})	TLI (Σ)	营养状态
青龙寺	7.7466	12.4414	8.4717	7.91	2.3822	38.9519	中营养
二水厂取水口	8.3765	12.4414	8.5021	8.0728	2.3051	39.6979	中营养

续 表

点位	TLI (Chl.a)	TLI (TP)	TLI (TN)	TLI (SD)	TLI (COD$_{Mn}$)	TLI (Σ)	营养状态
邛海公园	9.6433	12.8691	8.608	8.7092	2.3051	42.1347	中营养
邛海出水口	9.7251	13.9985	9.1674	10.2823	2.7937	45.9670	中营养

* 依据 2010 年青龙寺、二水厂取水口、邛海公园和邛海出水口 4 个常规监测点资料

表 2 - 6　2011 年邛海富营养化状态评价结果

点位	TLI (Chl.a)	TLI (TP)	TLI (TN)	TLI (SD)	TLI (COD$_{Mn}$)	TLI (Σ)	营养状态
青龙寺	7.9235	12.3088	8.6445	8.1129	2.2251	39.2148	中营养
二水厂取水口	8.2056	12.3767	8.6917	8.4192	2.2251	39.9183	中营养
邛海公园	7.9189	12.2371	8.5286	8.1893	2.2251	39.0990	中营养
邛海出水口	8.7986	12.6725	8.8368	8.8017	2.3822	41.4918	中营养

* 依据 2011 年青龙寺、二水厂取水口、邛海公园和邛海出水口 4 个常规监测点资料

表 2 - 7　2012 年邛海富营养化状态评价结果

点位	TLI (Chl.a)	TLI (TP)	TLI (TN)	TLI (SD)	TLI (COD$_{Mn}$)	TLI (Σ)	营养状态
青龙寺	7.8033	12.2731	9.6475	7.8981	2.0377	39.6597	中营养
二水厂取水口	8.6638	12.3088	8.5736	8.5041	2.1078	40.1581	中营养
邛海公园	7.6438	12.081	8.5384	8.1964	1.9187	38.2823	中营养
邛海出水口	8.8334	12.3767	8.5154	8.9113	2.2005	40.8373	中营养

* 依据 2012 年青龙寺、二水厂取水口、邛海公园和邛海出水口 4 个常规监测点资料

由以上 2007~2012 年连续 6 年的评价结果可以看出,邛海 4 个采样点均处于中营养状态,并且年际间无明显差异;这一现象表明邛海近些年营养状态水平趋于稳定。但值得关注的是,湖体营养状态十分接近于中营养过渡到富营养化临界值 (TLI = 50),特别是邛海出水口。

从不同指标对营养化的贡献率来看,邛海 TP 贡献值最大,COD$_{Mn}$贡献最低。说明邛海湖体受到外源性营养盐输入的影响,要显著高于外源性有机物的影响;而对于深水湖泊来说,内源性营养释放对湖体营养水平的影响尚需要进一步调查取证。Chl.a 和 SD 贡献值居于中间水平,说明现阶段湖体藻类生物量处于相对较低水平;但是由于蓝藻相对于其他藻类对 TP 有较强的利用效率,邛海相对较低的 TN、TP 和较高的透明度,为蓝藻生长提供了潜在物质条件,若蓝藻得以大量生长甚至形成蓝藻水华,将直接危害到邛海渔业发展与环境健康;在现有营养水平下,应该加强对湖泊藻类组成结构的调查分析,并对现在的营养盐来源进行解析。

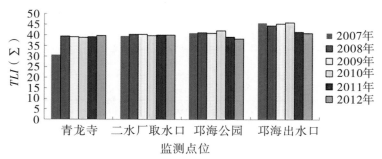

图 2－8　各监测点位富营养化综合指数趋势

2.3　邛海水环境质量现状评价

项目组于 2013 年 1 月 30 日、4 月 24 日、12 月 6 日和 2014 年 7 月 27 日分别对邛海领域水质进行了监测，监测点位共 11 个，分别为湖心、东山保育区、青龙寺、古城湾、邛海宾馆、邛海公园、小渔村、官坝河口、海河口、北部湾和二水厂，监测点位见图 2－2。监测因子有氨氮、高锰酸盐指数、BOD$_5$、总磷、总氮、溶解性总磷和溶解性总氮。本次水质现状监测指标限值见表 2－8，监测结果见图 2－9～图 2－15。

表 2－8　功能分区水质标准限值（mg/L）

分区	水质目标	氨氮	COD$_{Mn}$	BOD$_5$	TN	TP	DTN	DTP
I 分区	II 类	≤0.5	≤4	≤3	≤0.5	≤0.025	/	/
II 分区	II 类	≤0.5	≤4	≤3	≤0.5	≤0.025	/	/
III 分区	II 类	≤0.5	≤4	≤3	≤0.5	≤0.025	/	/

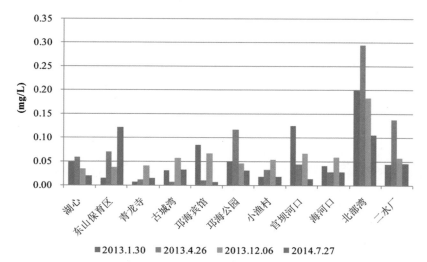

图 2－9　氨氮年变化情况

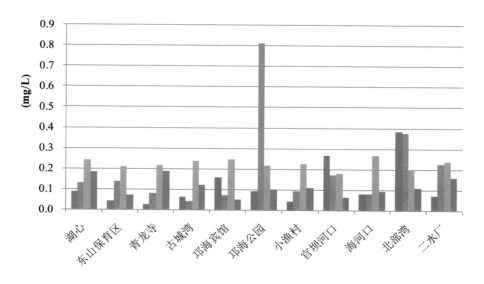

图 2－10　溶解性总氮年变化情况

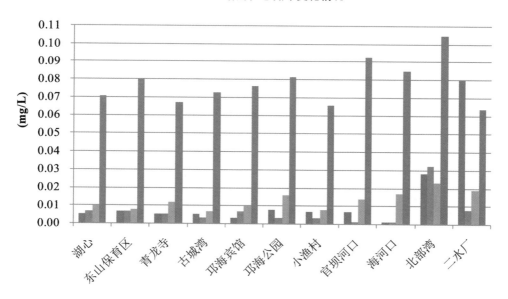

图 2－11　溶解性总磷年变化情况

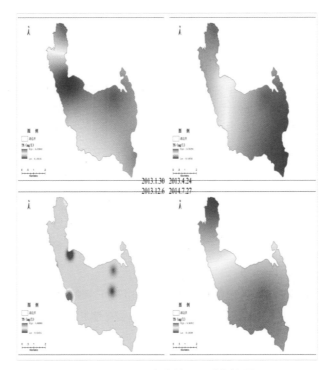

2013.1.30 2013.4.24
2013.12.6 2014.7.27

图 2 – 12　邛海水体 TN 时空格局

2013.1.30 2013.4.24
2013.12.6 2014.7.27

图 2 – 13　邛海水体 TP 时空格局

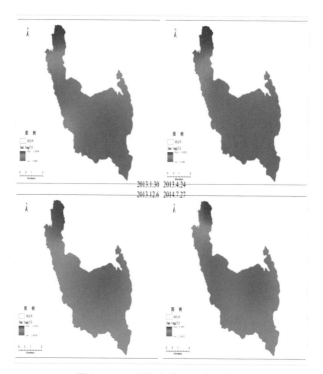

图 2 - 14　邛海水体 I_{Mn} 时空格局

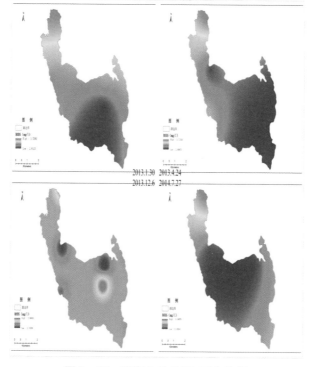

图 2 - 15　邛海水体 BOD_5 时空格局

①2013 年 1 月，邛海流域氨氮整体水平为Ⅱ类；TN 整体水平为Ⅲ类，最大超标倍数为 0.038，位于北部湾监测点；TP 整体水平为Ⅴ类，最大超标倍数为 3.04，位于海口河监测点；I_{Mn}整体水平为Ⅲ类，最大超标倍数为 0.02，位于海口河监测点；BOD_5整体水体为Ⅲ类，最大超标倍数为 0.14，位于海口河监测点。

②2013 年 4 月，邛海流域氨氮整体水平为Ⅱ类；TN 整体水平为Ⅲ类，最大超标倍数为 0.408，位于北部湾监测点；TP 整体水平为Ⅴ类，最大超标倍数为 5.32，位于北部湾监测点；I_{Mn}整体水平为Ⅲ类，最大超标倍数为 0.046，位于北部湾监测点；BOD_5整体水体为Ⅲ类，最大超标倍数为 0.257，位于北部湾监测点。

③2013 年 12 月，邛海流域氨氮整体水平为Ⅱ类；TN 整体水平为Ⅲ类，最大超标倍数为 0.214，位于二水厂监测点；TP 整体水平为Ⅳ类，最大超标倍数为 1.84，位于北部湾监测点；I_{Mn}整体水平为Ⅲ类，最大超标倍数为 0.03，位于北部湾监测点；BOD_5整体水体为Ⅲ类，最大超标倍数为 0.287，位于北部湾监测点。

④2014 年 7 月，邛海流域氨氮整体水平为Ⅰ类；TN 整体水平为Ⅱ类；TP 整体水平为Ⅴ类，最大超标倍数为 5.84，位于北部湾监测点；高锰酸盐指数整体水平为Ⅱ类；BOD_5整体水体为Ⅲ类，最大超标倍数为 0.053，位于北部湾监测点。

⑤从 2013 年 1 月、4 月和 12 月这 3 次水质监测结果来看，邛海流域水体中氨氮在 1 月和 12 月时监测浓度较低，在 4 月份时浓度较高；水体中有机物耗氧量COD_{Mn}和BOD_5的浓度在 4 月份最低，1 月份次之，12 月份最高；水体中营养元素溶解性总氮、TN、溶解性总磷和 TP 的变化不是十分明显，这 4 项营养元素全年在北部湾附近均达到最大值，表明北部湾附近水质较差。

⑥从 2014 年 7 月的这次水质监测结果看，邛海流域氨氮、溶解性总氮、总磷、高锰酸盐指数和BOD_5的监测结果在数值和变化趋势上与 2013 年 1 月、4 月和 12 月的监测结果相似，但溶解性总磷和总磷的监测结果较 2013 年 1 月、4 月和 12 月的监测结果变化较大，主要表现在监测数值较大。2014 年 7 月，邛海流域 TP 整体水平为Ⅴ类，最大超标倍数为 5.84，位于北部湾监测点。分析原因，可能是由于监测时正值雨季，邛海周边入湖河流中汇入了较多的生活污水，这部分生活污水由于处理深度不够，污水中的总磷浓度较高，污水进入邛海，导致了邛海中总磷浓度偏高。

⑦从湖心、东山保育区、青龙寺等 11 个监测点的连续 4 次的监测结果看，水质最好的区域为湖心、东山保育区、青龙寺、古城湾和邛海宾馆附近，而海河口和北部湾附近的水质较差，空间格局上亦存在一定季节性差异。

2.4 邛海饮用水水源地地表水环境质量评价

根据《四川省西昌市饮用水水源地环境保护规划》，西昌市已划定的城市集中式饮用水水源地有 2 处，分别为邛海和四合乡西河饮用水水源地。其中，邛海水源地建成于 1986 年 1 月，为邛海水厂水源，主要供应沿线居民及下半城居民的生活用水。西昌市在邛海饮用水水源地成立了专门管理机构，即邛海泸山风景区管理局，机构人员 56 人。

邛海水源地水质监测由凉山州环境监测站承担，按《四川省重点城市集中式饮用水水源地水质监测方案》执行。我们根据凉山州环境监测站提供的 2009 年、2011 年邛海饮用水水源地水质监测结果，对邛海饮用水水源地水质现状进行评价。

2.4.1　评价指标

（1）水质评价

采用《地表水环境质量标准》（GB3838 – 2002）中所列指标，参与评价的指标至少必须包括 pH 值、溶解氧、高锰酸盐指数、生化需氧量、氨氮、石油类、挥发酚、汞、铅九项指标〔当高锰酸盐指数大于 30mg/L 时，用化学需氧量（COD_{Cr}）及其标准评价〕，可将氮、磷和粪大肠菌群作为参考指标而不是必要的评价指标。

（2）营养状态评价

包括叶绿素 a（Chl. a）、总磷（TP）、总氮（TN）、透明度（SD）和高锰酸盐指数（COD_{Mn}）五个项目。

2.4.2　评价标准及方法

①水质评价方法同 2.3 章节的表 2 – 8。邛海水源地水质达标评价标准见表 2 – 10。

表 2 – 9　邛海饮用水水源地水质标准限值（mg/L）

水质目标	pH	COD_{Mn}	溶解氧	BOD_5	挥发酚	石油类	氨氮	铅	汞
Ⅱ类	6 ~ 9	≤4	≥6	≤3	≤0.002	≤0.05	≤0.5	≤0.01	≤0.00005

②富营养化状态评价方法同 2.2.1 章节。

2.4.3　评价结果及讨论

（1）水质监测结果

表 2 – 10　邛海水源地水质达标评价表

年度	监测因子／监测点位	pH	COD_{Mn}	溶解氧	BOD_5	挥发酚	石油类	氨氮	铅	汞
2009 年	青龙寺	7.1 ~ 8.57	2.6	7.8	1.0	0.001 *	0.01	0.169	0.00003 *	0.000003 *
		／	Ⅱ	Ⅰ	Ⅰ	Ⅰ	Ⅰ	Ⅱ	Ⅰ	Ⅰ
	二水厂取水口	7.11 ~ 8.48	2.7	7.9	0.9	0.001 *	0.011	0.163	0.00003 *	0.000003 *
		／	Ⅱ	Ⅰ	Ⅰ	Ⅰ	Ⅰ	Ⅱ	Ⅰ	Ⅰ

续　表

年度	监测因子 监测点位	pH	COD_{Mn}	溶解氧	BOD_5	挥发酚	石油类	氨氮	铅	汞
2009 年	官坝堰	7.2~8.3	1.4	8.8	0.8	0.001 *	0.011	0.193	0.00003 *	0.000003 *
		/	Ⅰ	Ⅰ	Ⅰ	Ⅰ	Ⅰ	Ⅱ	Ⅰ	Ⅰ
综合水质类别		/	Ⅱ	Ⅰ	Ⅰ	Ⅰ	Ⅰ	Ⅱ	Ⅰ	Ⅰ
最大超标倍数		/	/	/	/	/	/	/	/	/
2011 年	青龙寺	7.84~8.53	2.6	7.8	1.1	0.001 *	0.014	0.14	0.00003 *	0.000003 *
			Ⅱ	Ⅰ	Ⅰ	Ⅰ	Ⅰ	Ⅰ	Ⅰ	Ⅰ
	二水厂取水口	8.05~8.65	2.6	7.7	1.0	0.001 *	0.042	0.13	0.00003 *	0.000003 *
			Ⅱ	Ⅰ	Ⅰ	Ⅰ	Ⅰ	Ⅰ	Ⅰ	Ⅰ
	官坝堰	8.14~8.98	1.1	7.6	0.8	0.001 *	0.027	0.126	0.00003 *	0.000003 *
			Ⅰ	Ⅰ	Ⅰ	Ⅰ	Ⅰ	Ⅰ	Ⅰ	Ⅰ
综合水质类别		/	Ⅱ	Ⅰ	Ⅰ	Ⅰ	Ⅰ	Ⅰ	Ⅰ	Ⅰ
最大超标倍数		/	/	/	/	/	/	/	/	/

由表 2 - 10 可以看出，邛海饮用水水源地 2009 年和 2011 年全年水质主要为 Ⅰ、Ⅱ类，满足《地表水环境质量标准》（GB3838 - 2002）中生活饮用水水源地的水质要求。

（2）富营养化现状评价结果

采用综合营养状态指数法对 2009 年和 2011 年邛海水源地地表水控制断面的监测资料进行富营养化状态评价，结果分别见表 2 - 11 和表 2 - 12。

分析结果显示，邛海三个水源地监测断面均处于中营养水平，平均 *TLI* 指数处于 38.5~40 之间，且年际间差异表现为：2009 年到 2011 年，二水厂和官坝堰断面的总体富营养化程度有所升高；其中，TN 在青龙寺和二水厂断面浓度呈现显著性的升高，而 TP 在这两个断面有略微的下降；营养盐比例结构上的微小变化，对叶绿素 *a* 分布有一定程度的影响，表现为二水厂断面叶绿素 *a* 显著性升高，而青龙寺和官坝堰叶绿素 *a* 有小范围的波动。

根据上述结果，水源地富营养化防治问题日益严重，应加强水源地外源营养物质的控制，在二水厂取水口处加大力度进行水环境监测；尤其是夏季气温过高时，水厂取水口应该提高监测频次，增加相应的监测指标；针对水体藻类组成及有害藻类比例进行完备的基础数据收集，针对可能出现的供水安全隐患提出一整套的应急措施和科学预案。

表 2 - 11   2009 年邛海富营养化状态评价结果

点位	TLI (Chl. a)	TLI (TP)	TLI (TN)	TLI (SD)	TLI (COD_Mn)	TLI (Σ)	营养状态
青龙寺	8. 3109	12. 503	8. 1948	7. 9830	2. 2251	39. 2196	中营养
二水厂取水口	7. 1424	12. 562	8. 308	8. 5484	2. 3051	38. 8659	中营养
官坝堰	7. 1584	13. 328	8. 5705	9. 3407	0. 9131	39. 3107	中营养

*依据2009 年青龙寺、二水厂取水口和官坝堰三个常规监测点资料

表 2 - 12   2011 年邛海富营养化状态评价结果

点位	TLI (Chl. a)	TLI (TP)	TLI (TN)	TLI (SD)	TLI (COD_Mn)	TLI (Σ)	营养状态
青龙寺	7. 9235	12. 3088	8. 6445	8. 1129	2. 2251	39. 2148	中营养
二水厂取水口	8. 2056	12. 3767	8. 6917	8. 4192	2. 2251	39. 9183	中营养
官坝堰	7. 2712	13. 3799	8. 451	10. 5603	0. 4019	40. 0463	中营养

*依据2011 年青龙寺、二水厂取水口和官坝堰三个常规监测点资料

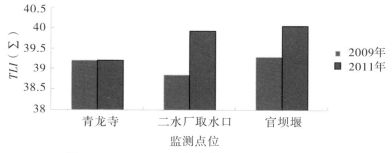

图 2 - 16   2009、2011 年各点位综合营养状态指数

2.5 邛海底泥营养状态

2013 年 1 月 30 日，项目组对湖心、东山保育区、青龙寺等 10 个监测点底泥中的总磷和总氮进行了分析，监测结果见表 2 - 13。

氮和磷是植物生长的营养元素，当湖泊底泥中氮、磷含量高，沉积物间隙水具有一定流速或在间隙水浓度梯度下，氮和磷可以释放到湖水中形成内源污染。邛海表层底泥中 TN 含量最高达到 5.5663mg/kg，平均为 3.4286mg/kg，高于云南省的一些湖泊，如杞麓湖，平均高出 2.8586mg/kg。TP 的含量最高为 0.6279mg/kg，平均为 0.4269mg/kg，高于云南省的类似湖泊，如杞麓湖，平均高出 0.3469mg/kg，见表 2 - 14。

表 2 – 13　邛海底泥监测结果（2013.1.30）

监测时间	监测因子 / 监测点位	总磷（mg/kg）	总氮（mg/kg）
2013.1.30	湖心	0.4476	3.6929
	东山保育区（月亮湾）	0.3937	4.8083
	青龙寺	0.4569	5.5663
	古城湾	0.4686	1.2987
	邛海公园	0.3994	3.277
	小渔村	0.2423	3.0115
	官坝河口	0.4363	3.0663
	海河口	0.3887	3.4051
	北部湾	0.6279	2.9136
	二水厂	0.4081	3.245
最高含量		0.6279	5.5663
平均值		0.4269	3.4286

表 2 – 14　邛海与云南杞麓湖表层底泥中主要污染物含量的比较

层位	TP（mg/kg）		TN（mg/kg）	
	范围	平均	范围	平均
杞麓湖表层	0.03 ~ 0.13	0.08	0.222 ~ 1.046	0.57
邛海表层	0.2423 ~ 0.6279	0.4269	1.2987 ~ 5.5663	3.4286

3 邛海水环境问题诊断

近年来，凉山州和西昌市政府高度重视邛海环境保护，做了大量卓有成效的工作，邛海水质一度恶化的趋势及时得到控制，水质逐步好转，环境保护治理工作取得显著成效。但是由于受自然、历史、资金、管理体制以及城市扩容、旅游业快速发展等多方面因素的制约和影响，邛海环境保护面临的形势仍不容乐观。

3.1 邛海水环境演变趋势预测

3.1.1 邛海水环境的历史演变

3.1.1.1 湖泊水质变化趋势

（1）总体变化趋势

根据凉山州环境监测站1997年以来的水质监测资料分析，邛海近年来水质状况的变化过程大致如下。

1997年到2003年间，水质最差的是1999年，为Ⅲ至Ⅳ类水，水质明显下降；海河口监测点TN、TP因子均超标，且TP超过Ⅲ类标准值；邛海公园处TP亦超过Ⅲ类标准。2001年，邛海水质为Ⅲ类水，污染形势缓解，TN、TP因子基本控制在Ⅱ～Ⅲ类标准以内。但海河口TP因子仍存在超Ⅲ类标准现象。

2003年，邛海水质为Ⅱ至Ⅲ类水，水质明显改善，三个监测点TN因子均在Ⅰ～Ⅱ类标准值范围内；TP因子亦基本控制在Ⅱ～Ⅲ类标准内。然而，部分TP因子监测数据波动较大，波动范围约为0.01～0.07，丰水期两次出现高浓度，分析原因，应与丰水期降雨径流等携带大量高浓度TP进入邛海有关。此外，该年高锰酸盐指数在丰水期有所上升，其余因子浓度基本达到Ⅱ类水标准。

整体看来，20世纪末随着社会经济的发展，特别是邛海内网箱养鱼的兴盛，邛海污染负荷极大增加，水质受到显著影响，水质逐年下降；然而，21世纪初，由于相关环保措施和政策的实施，特别是取消了邛海网箱养鱼后，水体污染逐步得到控制，主要污染因子如TN、TP因子浓度显著下降，目前邛海大部分水体水质已为Ⅱ至Ⅲ类水，属轻度污染水体。

根据凉山州环境监测站2002～2011年连续十年对邛海的例行监测数据，邛海近十年来整体保持在Ⅱ类水的状态，总磷、总氮两项指标保持Ⅱ～Ⅲ类，特别是总磷基本维持Ⅲ类，部分时候为Ⅳ类。总体来看，近十年期间以2004～2006年邛海水质相对较差，2006年以后水质有所好转，总磷、总氮是邛海的主要污染因子。

表3-1　2002～2011年邛海主要污染因子监测数据及评价（mg/L）

指标时间	溶解氧		COD$_{Mn}$		BOD$_5$		氨氮		总磷		总氮	
	监测值	类别	监测值	类别	监测值	类别	监测值	类别	监测值	类别	监测值	类别
2002	6.67	Ⅱ	2.38	Ⅱ	1.3	Ⅰ	0.155	Ⅰ	0.027	Ⅲ	0.409	Ⅱ
2003	7.33	Ⅱ	2.36	Ⅱ	1.36	Ⅰ	0.271	Ⅰ	0.031	Ⅲ	0.309	Ⅱ
2004	7.56	Ⅱ	2.9	Ⅱ	1.44	Ⅰ	0.291	Ⅰ	0.027	Ⅲ	0.375	Ⅱ
2005	7.1	Ⅱ	2.98	Ⅱ	1.35	Ⅰ	0.24	Ⅰ	0.025	Ⅱ	0.315	Ⅱ
2006	7.28	Ⅱ	2.93	Ⅱ	1.6	Ⅰ	0.246	Ⅰ	0.022	Ⅱ	0.703	Ⅲ
2007	8.08	Ⅰ	2.4	Ⅱ	1.3	Ⅰ	0.153	Ⅰ	0.025	Ⅱ	0.688	Ⅲ
2008	7.95	Ⅰ	2.7	Ⅱ	1.23	Ⅰ	0.225	Ⅰ	0.032	Ⅲ	0.448	Ⅱ
2009	7.88	Ⅰ	2.83	Ⅱ	1.08	Ⅰ	0.195	Ⅰ	0.033	Ⅲ	0.357	Ⅱ
2010	7.55	Ⅰ	2.9	Ⅱ	1.43	Ⅰ	0.187	Ⅰ	0.035	Ⅲ	0.465	Ⅱ
2011	7.68	Ⅰ	2.65	Ⅱ	1.15	Ⅰ	0.136	Ⅰ	0.021	Ⅱ	0.451	Ⅱ

（2）总氮、总磷变化趋势

总氮、总磷是反映湖泊水体富营养化水平的重要指标，而TN、TP也是邛海的主要污染因子，2002～2010年间邛海二水厂、邛海公园、海河口和青龙寺四个监测点位TN、TP变化趋势见图3-1和图3-2。

2002～2010年间邛海TN浓度经历了一个先上升后下降的过程，整体在波动中上升，其中出现两个峰值，分别是2004年和2006年，特别是2006年的TN值最高，且各监测点变化基本一致，以海河口浓度为最高。据调查，邛海周边2006年为举办冬旅会，新增及改、扩建了几个大的景点，新增许多大型餐饮娱乐设施，人为大型施工和其他开发活动对邛海水质总氮浓度和贡献量带来显著影响。

2002～2010年间邛海TP浓度年际变化整体呈现出先减小后增加的趋势，TP含量在2006年出现最低值，随后呈逐渐增加的趋势。特别是海河口的TP浓度较其他三个监测点明显要高很多，在2006年以后上升趋势非常明显，其他三个监测点中二水厂、青龙寺在2008年以后呈现出下降趋势，邛海公园监测点2008年后保持稳定，略有上升。

3.1.1.2　湖泊营养状态趋势

采用营养状态指数法对邛海2002年至2011年的营养状态变化趋势进行分析，表明近几年来邛海营养状态基本保持稳定，处于中营养状态。其中邛海出海河口水质状况较差，在2004～2006年出现轻度富营养，其余监测断面均保持中营养状态，各监测点营养状态变化情况见图 3 - 3。

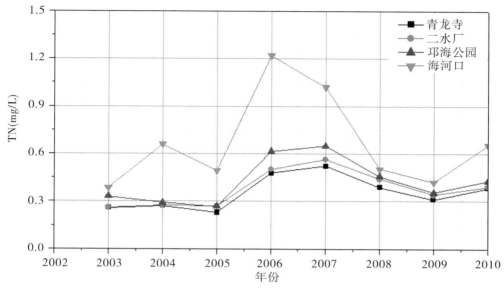

图 3 - 1　2002～2010 年邛海 TN 变化

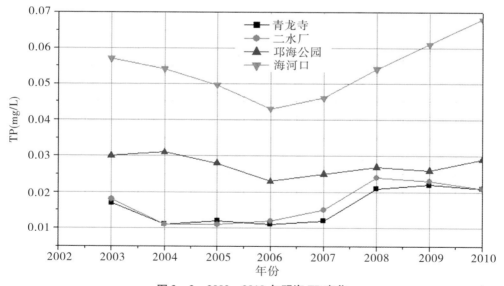

图 3 - 2　2002～2010 年邛海 TP 变化

3.1.1.3　邛海湖泊历史变迁

（1）邛海成因及形成时间

关于邛海的成因及形成时间，史料上有不少记载，较引人注目的记载有：其一，范晔《后汉书·南蛮西南夷列传》中记载，"邛都夷者，武帝所开，以为邛都县，无几而地陷为汗泽，因名邛池，南人以为邛河"；其二，清光绪二十二年，西昌知县胡薇元编修《西昌县志》时加记："元鼎初地震，县陷为汗泽。"前一记载中说的是汉武帝建立邛都后不

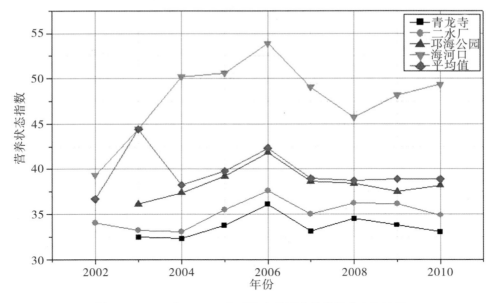

图 3 - 3 2002 年至 2010 年邛海各监测点营养状态变化情况

久，即地陷为汗泽，形成邛海湖，而第二则记载中却将前一记载中的"地陷"记为地震所致。从而，给后人的结论或印象似乎是：西昌邛海盆地以及邛海湖的形成，系公元前 111年，由于强烈地震所造成的大幅度陷落的结果。

近现代以来有学者对邛海的成因进行过调查，得出了不同的结论。如四川省地质局第一区测队（1965 年）认为邛海盆地是位于安宁河、则木河两断裂带交汇部位的以断陷为主的山间堆积盆地；而朱皆佐则认为邛海湖的形成与西昌一带历史上频繁而强烈的地震活动有关，为一地震湖川。闻学泽等于 1984 年发表的调查结果认为，第一，西昌邛海盆地是一个第四纪断陷盆地，最终大约定型于晚更新世中—晚期，与滨菱形断块东侧边界断裂带的活动密切相关。第二，盆地的形成可分为两个发育阶段，早更新世初至中更新世初为第一阶段，它是先沿北北西方向的则木河断裂带形成断陷带，并逐渐在西昌附近形成规模较大的地堑地垒系，其中以西昌邛海地堑的断陷幅度为最大，成为昔格达古湖的一部分；此时古则木河向北流入古湖，其河口三角洲位于现今大鲁梁子一带。晚更新世中—晚期为第二阶段，此时西昌以北、邛海以南等处的近东西向断裂发生强烈的拉张性正断层活动，将第一阶段形成的西昌邛海地堑横切成块，在重力的作用下发生再度断陷，形成西昌邛海盆地；与此同时，盆地以南的大鲁梁子则发生向南南东方向的掀斜抬升，迫使古则木河在那里发生"断头"和倒流。第三，晚更新世中—晚期以来，西昌邛海盆地西侧的消山断块山地大约下陷了 130m。

（2）邛海水文特征变迁

据史料记载，20 世纪 50 年代初实测邛海水下地形及湖周陆面地形图，南北长11.5km，东西宽 5.5km，湖面面积 31km²，最大水深 34m，平均水深 14m，蓄水量 3.2 亿m³。20 世纪 80 年代末凉山州政府曾测定邛海湖面面积为 29.3km²；2000 年凉山州水利局在省测绘局1990年版的西昌市1:10000地形图上围量湖面面积,为27.28km²;2002年西昌市国土勘测规划队对邛海打桩测量湖面面积,为26.765km²;2003年8月云南省环境科学研究院与昆明理工大学测绘技术研究所实测邛海湖面面积,为27.408km²,最大水深18.32m,平均水深10.95m,蓄水量2.93亿m³。将这组数据与原西康省水利局所测数据比较,面积减少了3.592km²,最大水深减少了15.68m,平均水深减少了3.05m,蓄水量减少0.27×10⁸m³。

半个世纪以来,邛海面积缩小、水量减少、淤积严重。根据资料记载,20世纪70年代开始,围海造田和对邛海周边近2/3的滩涂、苇塘、湿地等不合理的开发利用,是造成邛海水面面积缩小的主要直接因素。近年来通过实施"三退三还"、湿地恢复与建设等,水面面积逐步增加,预计规划的六期湿地全部建成后,邛海水面面积将恢复到历史最高水平。

3.1.2　流域经济社会发展趋势

根据《西昌市国民经济和社会发展第十二个五年规划纲要》,西昌市在"十二五"期间将全面加强经济、政治、文化、社会以及生态文明建设,围绕"川滇综合枢纽、绿色钒钛之都、国际山水名城"的战略目标,加快建设"繁荣开放文明秀美"的现代化生态田园城市。经济增长始终保持领先地位,平均增速保持在16%以上,到2015年经济总量突破500亿元;现代化产业体系基本形成,三次产业结构比例调整为9:50:41,工业、农业、服务业布局日趋合理。

3.1.3　污染负荷预测

（1）点源污染负荷预测

由于流域内工业污染源已得到有效控制,未来按工业污染源实现零排放考虑。周边餐饮、宾馆及事业单位按现状控制不考虑增量。根据2001年到2011年人口增长预测,到2016年,城镇人口约2.9万人;根据邛海泸山风景区规划,景区旅游人口约达到208万人次。采用静态预测在现状产排污水平下污染物的产生量和入湖量。

（2）面源污染负荷预测

面源污染中,农田径流、水产养殖、降水降尘、水土流失和内源污染不计算增量,仅对农业人口和畜禽养殖量增长情况计算污染负荷增量。农业人口和畜禽养殖量根据2001年到2011年增长情况预测,到2016年,农业人口约达到8.8万人,农村散养畜禽折标猪约23.8万头,采用静态预测在现状产排污水平下污染物的产生量和入湖量。

（3）污染负荷预测汇总

预测到2016年,COD、氨氮、TN和TP产生量分别较现状增加802.2吨、121.1吨、151.6吨和30.5吨,入湖量分别比现状增加102.9吨、9.8吨、14.4吨和2.9吨。详见表3-2污染负荷预测汇总。

表 3 - 2　污染负荷预测汇总

	污染源		COD	氨氮	总氮	总磷
产生量（吨）	点源	工业	0	0	0	0
		城镇生活	634.8	42.3	67.7	13.8
		旅游人口	71.8	4.8	7.7	1.6
	面源	农村生活	1278.6	127.9	204.6	41.6
		畜禽养殖	3893.7	778.7	895.5	179.1
		农田面源	815.4	163.1	1000.2	388.5
		降雨降尘	–	–	18.9	0.7
		水土流失	–	–	669.2	505.8
	内源				75.8	4.7
	合计		6694.3	1116.8	2939.6	1135.8
	增量		802.2	121.1	151.6	30.5
排放量（吨）	点源	工业	0	0	0	0
		城镇生活	142.79	9.52	15.23	3.09
		旅游人口	71.83	4.79	7.66	1.56
	面源	农村生活	348.2	34.8	55.7	11.3
		畜禽养殖	116.8	23.4	26.9	5.4
		农田面源	81.54	16.31	200.04	38.85
		降雨降尘	–	–	18.89	0.65
		水土流失	–	–	42.9	17
	内源				75.8	4.7
	合计		761.16	88.82	443.12	82.55
	增量		102.9	9.8	14.4	2.9

3.1.4　邛海水质预测

对污染扩散模型与邛海二维水动力模型进行耦合，将邛海主要入湖河流概化为污染物入湖口，根据邛海流域内进入到邛海内的污染负荷，按照各河流子流域内的负荷分配到各个入湖口，计算邛海主要污染物 TN、TP 的浓度分布。根据计算结果，TN、TP 浓度现状分布情况见图 3 - 4，邛海 TN、TP 浓度总体由东南向西北呈逐渐增大的趋势，西北角的海河口区域 TN、TP 浓度最高，这与邛海现状四个监测点的 TN、TP 浓度情况基本一致。

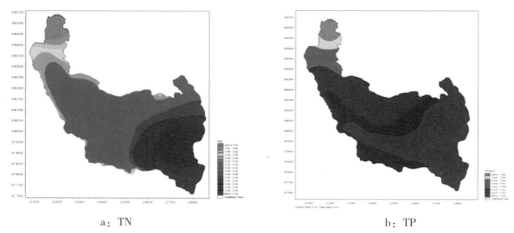

a：TN　　　　　　　　　　　　　　　b：TP

图 3 - 4　邛海 TN、TP 浓度现状分布

　　根据邛海污染负荷的预测，到 2016 年，邛海 TN 和 TP 产生量分别较现状增加 151.6 吨和 30.5 吨，入湖量分别比现状增加 14.4 吨和 2.9 吨。根据 2016 年污染负荷的预测结果，对邛海 TN、TP 浓度进行模拟计算，结果见图 3 - 5。

　　根据预测结果，到 2016 年，由于入湖污染负荷的增加，邛海西北岸、西岸的 TN、TP 浓度增加明显，TN 浓度为Ⅲ类水的面积将占到邛海面积的 50%，TP 浓度为Ⅲ类水的面积将占到邛海面积的 70%。

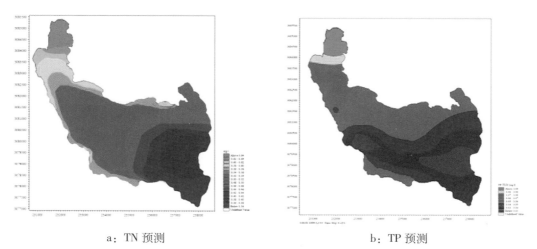

a：TN 预测　　　　　　　　　　　　　b：TP 预测

图 3 - 5　2016 年邛海 TN、TP 浓度分布

3.1.5　水生态变化趋势

　　采用静态预测，到 2016 年，邛海流域入湖污染物有所增加，COD、氨氮、总氮和总磷分别较现状入湖量增加 15.6%、12.4%、3.4% 和 3.6%。

　　邛海原有鱼类 42 种，分别隶属 5 目 10 科，其中土著、特有鱼类有 27 种，20 世纪 60 年代中期因人工引进"四大家鱼"，使原有的鱼类组成发生剧烈变化，加上环境的变化，目前邛海鱼类以鳙、鲢等人工引入种类为优势，土著和特有鱼类基本消亡，特有鱼类仅有邛海白鱼、邛海红鲌、邛海鲤等。

过度开发、淤积和水质污染等原因造成湖周草滩生态系统和浅水带生态系统面积大幅度缩减，致使挺水植物群落大面积消亡，残余部分仅呈零星斑块状分布，物种多样性锐减。随着湿地恢复建设以及水生生物优化配置，邛海水面面积、湖滨带和水生植物逐步得到恢复。

3.2　邛海水环境问题分析

邛海流域是一个完整的生态系统，其环境问题是由社会经济发展、城市发展、生态环境多方位多领域综合作用的结果。从流域整体出发，在分析流域现状、生态环境历史演变过程、社会经济发展现状和预测生态环境及社会发展趋势的基础上，总结得到以下主要矛盾和环境问题。

3.2.1　水质总体良好，部分入湖河流水质较差

区域性水质恶化和入湖河流水质较差导致邛海湖体部分区域出现富营养化趋势，严重威胁水环境安全。作为饮用水水源地，其水质安全性与流域人民群众的健康安全息息相关。

（1）水质整体基本保持稳定

邛海近十年来绝大多数指标均能保持在Ⅱ类，部分区域总磷、总氮两项指标不能稳定达标，特别是总磷基本维持在Ⅲ类。邛海因地处断陷盆地，其地势东南北三面高、西北低，东南北及西岸农业污水、生活污水等点源与非点源污染源均向邛海西北角汇集，目前西北岸截污管网尚未完善，故使得海河口水质较差。根据海河口的水质监测数据，海河口处水质整体维持在Ⅲ类，部分指标达到Ⅳ类，已属中度污染水体。根据邛海营养状态评价，邛海目前大体上为中营养状态，西北岸的海河口已呈现中—富营养状态。富营养化指数中，TN、TP指数较高，与邛海 TN、TP 污染严重、泥沙淤积等现状分不开。

（2）部分入湖河流水质较差

根据 2012 年对官坝河、鹅掌河和青河三条河流监测结果，三条河流水质总体较好，监测指标中 COD$_{Mn}$、氨氮和总磷等指标基本在Ⅱ～Ⅲ类变化外，其余指标都能稳定达到Ⅱ类。邛海最大水源支流官坝河的水质对邛海湖影响较大，其总氮、总磷含量较高。

邛海西北岸因距离市区较近，居民点较多且截污管网尚未完善，导致一些小支流现状污染较重，如土城河、干沟河等小支沟冬季枯水期入湖断面水质较差，根据凉山州环境监测站 2012 年 3 月监测结果，DO、BOD$_5$、氨氮、TP、高锰酸盐指数、阴离子表面活性剂等指标均出现不同程度的超标，部分指标劣于地表水环境质量Ⅴ类标准，对邛海水质影响较大。

（3）水质曾出现由优转劣的趋势

20世纪80年代后期和90年代，旅游开发、周边居住人口增加，生活污水直接入湖；沿湖农田化肥大量使用，使邛海水质由优转劣，曾经出现浮水植物泛滥和1996年的蓝藻暴发。

3.2.2 湿地丧失，邛海面积减少，生物多样性破坏

湿地具有对邛海生物多样性、对生态系统的调节、对环境污染的调控作用。邛海湿地丧失、湖体淤积、水质污染等原因改变和破坏了邛海湿地动植物的生存环境，湖盆区湿地天然生态系统和湖岸生态系统的生态功能基本丧失，湖周草滩生态系统遭受严重破坏，湿地生物多样性锐减，生态系统的自我调控能力削弱，降低了流域生态系统的稳定性和有序性，对邛海流域生态环境的安全产生严重威胁。

（1）湿地被占用，邛海面积减少

20世纪70年代围湖造田运动猖獗，邛海周边近2/3的滩涂、苇塘、湖周湿地、天然湖滨带等被人类围垦、填土形成农田、鱼塘等，并且更进一步发展到对湖面进行围垦、蚕食，从现状进行分析，湖面的围垦、蚕食在沿湖四周都有，东北岸、北岸和西岸比较突出。

从历年测绘数据看到，邛海面积从20世纪五六十年代开始经历了逐渐减小的变化，最小的2002年邛海面积仅26.76km^2。天然湖滨带基本被农田、鱼塘、公路、居民住房、旅游景区等土地利用形式所代替，天然环湖生态系统和天然湖岸带生态系统被破坏殆尽，现阶段只在老海河局部湖湾和各入湖河流河口部分有少量残留，其余湖滨带基本为各种土地开发利用形式占用，只剩零星残存的部分乔木和挺水植物，邛海湖盆区湿地天然环湖生态系统和湖岸带生态系统的生态功能基本丧失，湖周草滩生态系统遭受严重破坏。

表3-3 邛海水文特征变化

	湖面面积（km^2）	最大水深（m）	平均水深（m）	库容（10^{8}m^3）
20世纪50年代	31	34	14	3.2
20世纪60年代	28.75	—	—	—
20世纪80年代	29.3	—	—	—
2000年	27.28	—	—	—
2002年	26.76	—	—	—
2003年	27.408	18.32	10.95	2.93
2011年	29	—	—	—
2012年	31	—	—	—

（2）生态系统被破坏，生物多样性锐减

湿地的丧失、湖体淤积、水质污染等原因导致湖周草滩生态系统和浅水带生态系统面

积大幅度缩减，挺水植物群落大面积消亡，湿地生物多样性锐减，多种外来物种如紫茎泽兰、凤眼莲、空心莲子草等入侵且生长态势强劲，在局部地区已成为群落的优势种，甚至形成单优群落，成为邛海湖周草滩生态系统和浅水带生态系统保护和重建的严重威胁。

分布于邛海的鱼类 20 种，其中土著鱼类共有 10 种，分隶 4 目 6 科 17 属。其中邛海红鲌（*Erythroculter mongolicus*）、邛海白鱼（*Anabarilius qionghaiensis*）和邛海鲤（*Cyprinus qionghaiensiss*）3 种鱼为邛海特有种。邛海是半封闭湖泊，通过海河与安宁河连接，在湖中曾经有一些喜流水性生活的鱼类，因环境的变化，其中一些种类已绝迹。20 世纪 60 年代中期，因人工引进"四大家鱼"，使原有的鱼类组成发生剧烈变化，目前土著和特有鱼类基本消亡，邛海鱼类以鳙、鲢等人工引入种类为优势。

根据《西昌螺髻山邛海旅游资源开发研究》（1992 年）论述，20 世纪 90 年代调查结果，邛海有冬候鸟 19 种，隶属 7 目 7 科。根据资料记载，湖中曾经有天鹅、白鹤、鸳鸯等珍贵鸟类。据 1988 年统计湖中有前述 19 种冬候鸟 3 万余只，1989 年调查只有 2 万余只，到 1990 年统计不到 2 万只。

3.2.3 面源污染突出，污染负荷大

邛海流域人口以农业人口为主，约占 78%（约 7.7 万人），农村生活污染入湖负荷占总入湖量的比例分别为 COD 占 48.1%，氨氮占 40.07%，TN 占 11.83%，TP 占 12.9%。由于邛海天然资源的优势，湖周边自然人口逐年增加，旅游业迅速发展，湖周边农村生活污染的环境压力巨大。

邛海流域的主要产业为农业，耕地面积约占流域面积的 34%，且多坡耕地，耕地复耕指数高；邛海周边每年所用杀虫剂约有 1191kg、杀菌剂约有 3751kg，化学肥料施用主要有氮肥、磷肥和复合肥三大类，氮素和磷素等营养物质、农药以及其他有机或无机污染物质，通过农田的地表径流和农田渗漏进入水体。此外，流域畜禽散养量较大，折标猪约 20.9 万头。根据流域污染物入湖量统计结果，农田面源和畜禽养殖的 COD 入湖量达到 184.2t/a，占总入湖量的 28%；氨氮入湖量达到 36.8t/a，占 46.65%；总氮入湖量达到 223.6t/a，占 52.16%；总磷入湖量为 43.5t/a，占 54.73%。

农村生活面源污染、农田面源污染和畜禽养殖污染的入湖负荷占流域入湖总负荷的比例 COD 为 76.1%，氨氮为 86.72%，总氮为 63.99%，总磷为 67.65%，为流域污染负荷的主要来源。目前邛海周边点源已基本得到控制，面源污染分散、面积广，控制难度大。面源污染负荷大，导致邛海部分区域水质及部分入湖河流水质较差，是影响邛海水质的主要原因，面源污染控制是关乎邛海水质安全、饮用水安全的重要控制因素。

3.2.4 流域水土流失严重，泥沙淤积突出

水土流失是邛海流域的主要生态灾害，流域水土流失导致邛海湖容减少、湿地锐减，同时还将大量的有机质、氮、磷和农药等带入湖区，造成水质污染，且对流域的粮食安全、防洪安全、生态安全以及人居环境安全构成一定的威胁。邛海流域各子流域中，水土流失面积和流失量主要分布在官坝河和鹅掌河流域。两流域面积占邛海流域总面积的

63%，水土流失面积占流域水土流失面积的71%，其中，官坝河流域面积占邛海流域的45%，水土流失面积占52%；官坝河流域和鹅掌河流域年水土流失量分别占整个邛海流域土壤侵蚀量的53.8%和23.08%。中度以上侵蚀面积也主要分布在官坝河流域和鹅掌河流域，分别占到了41%和28%。青河小流域平均土壤侵蚀模数达4713t/km².a，为流域最高；其次为鹅掌河流域、官坝河流域和龙沟河小流域。

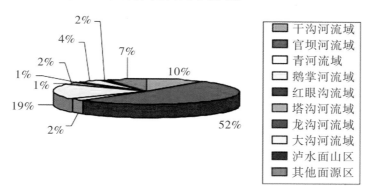

图3-6 邛海流域各区域水土流失面积分布情况

从20世纪50年代到2003年的50年间，邛海由于淤积而减少湖容至少1200万 m³，大面积的湿地由于淤积变成了旱地，湿地面积急剧缩小，湿地植被大面积消亡，水生植物分布深度退缩。水土流失相对严重的官坝河、鹅掌河等流域上游岩石风化严重，水土流失主要以沙质土为主，水土流失造成邛海及河流入湖口泥沙淤积。官坝河口在2004～2013年10年间因水土流失向湖心挺进约200m，面积约20000m²。

图3-7 官坝河口水土流失冲积区示意

入湖泥沙沉积湖底形成湖泊底泥，底泥中污染物在外部条件如温度、pH 值及水体扰动情况适合时，从底质中释放进入水体，成为水体的内源污染源。

水土流失造成邛海水体透明度下降，除高沧河和海河出水口透明度在 0.4 ~ 0.5m 外，其他水域平均在 2m 左右，最深达到 2.4m，最浅为 1.2m，远低于同为高原湖泊泸沽湖的 11.7m。

3.2.5 城镇化和旅游业快速发展，环境保护压力持续增加

（1）城市发展对邛海生态环境保护的压力持续增加

邛海位于西昌市城东南约 3km，属城市近郊湖泊。西昌是四川省凉山彝族自治州的首府，是全州政治、经济、文化和交通的中心，是全州经济发展的增长核和辐射源。西昌市近年来经济发展迅速，邛海地理、气候、环境和居住条件的优势吸引外地人口移居西昌，同时工业和 GDP 的快速增长也促使城市快速扩张，人口增加，居住密度加大，人为扰动及污染负荷给邛海生态环境保护带来一定压力，而邛海目前除西岸建设了截污管网外，在东北面的高枧、川兴和南面的海南乡尚未建成，污水仍然还在向邛海直排。

为了保护邛海生态环境，西昌市政府作出了城市禁止东移的决定，根据西昌市城市总体规划，西昌市未来的发展方向和规划重点可以概括为"东限西进"，控制并减少靠近邛海东面的发展，拓展向西的城市新区，让城市新区与邛海保持距离。但就西昌市与邛海位置关系看，邛海已由城郊湖逐步变为城市湖泊。湖滨小城镇建设也得到发展。

（2）旅游发展带来邛海保护的压力

近年来，西昌旅游业发展迅猛，雅西高速的贯通，导致旅游人数猛增，邛海周围的景区景点建设、旅游设施建设需求增加，结合邛海的生态保护，政府有计划地划定了几个旅游区域，安排了一定项目。邛海湖滨带被分割成许多斑块，出现景观破碎化发展趋势明显。旅游对生态环境有一定影响，景点的建设改变了邛海湖滨带的自然生态景观，加重了邛海湖盆区湿地生态环境保护的压力。

4 邛海水环境保护对策措施

针对邛海流域面临的邛海湖区总氮、总磷指标超标，富营养化趋势明显等水环境问题，湖面萎缩、水土流失、泥沙淤积、物种濒危等生态问题，污水管网不完善等环境基础建设滞后问题，从建立湖泊水环境保护长效机制、开展环境基础设施建设与旅游产业调控、加强水土保持综合防治、推进湖泊生态环境保护和修复、分类实施农业源污染防治、构建饮用水水源环境安全保障体系方面构建邛海生态环境保护六大战略体系。

4.1 建立湖泊水环境保护长效机制

4.1.1 构建生态环境保护"邛海模式"

根据邛海的生态环境保护的特点，构建邛海流域"无工业企业、无规模化畜禽养殖、无湖面面积萎缩，生态旅游业、生态农业发达、生物多样性良好"的"三无三生"邛海湖泊生态文明建设模式，落实生态红线空间管控措施，严格产业布局，提出统筹水资源、水环境和水生态，集保护、治理和建设为一体的组织实施和湖泊管理模式，实现环境保护和科学发展的共赢，打造全国湖泊生态环境保护的典范。

（1）坚持"三无三生"的发展模式

规划期内调整产业结构，发展生态观光旅游，拒绝工业污染企业，开展环湖湿地体系建设，恢复生物多样性，开展流域支流水土流失防治，结合农村综合整治建设，开展流域农村污水处理。

（2）打造国际重要湿地生态旅游品牌

加强湿地保护与恢复，加快环湖湿地体系建设，完善以国际重要湿地、国家重要湿地、湿地公园和湿地自然保护区（小区）为主体的湿地保护体系。积极申报国家湿地公园，积极争取湿地生态补偿、退耕还湿、以奖代补示范县湿地项目，推动湿地保护工作，大力发展湿地生态旅游等湿地生态经济。全面深化湿地保护国际国内合作与交流。发挥邛海泸山管理局湿地中心的作用，积极引进和吸收国际上湿地保护的先进理念与技术，维护邛海高原淡水湖泊自然湿地原生态，树立高原淡水湖泊河口水土保持典范，打造西昌市生物多样性保护和展示的对外窗口，联合泸山景区，打造邛海湿地国际生态旅游品牌。

4.1.2 落实生态红线空间管控措施

基于邛海水环境系统格局，水生态脆弱区、水污染物汇集区等水环境系统维护关键区域，考虑邛海流域的生态敏感性、生态服务功能重要性及生态脆弱性，综合禁止开发区域，将邛海流域生态红线分为红线区（禁止开发区）、黄线区（限制开发区）两个管控级别。红线区对环境保护、资源开发、设施建设提出强制性管控要求，黄线区对环境保护、资源开发和设施建设提出限制性要求。红线区内严禁不符合区域功能和环境功能定位的开发活动，控制人为因素对自然生态的干扰和破坏。红线区中法定保护区域应依据法律法规规定和相关规划实施强制性保护。饮用水源一级保护区禁止新建、改建、扩建任何与供水设施或水源保护无关的建设项目；自然保护区、风景名胜区禁止新建、改建、扩建任何无关的生产项目；禁止开设与自然保护区、风景名胜区、森林公园保护方向不一致的参观、旅游项目；旅游景点内必要的建设项目应严格遵照相关法律法规规定，建设用地面积和建设内容不得超出相关要求；已经建成的无关建设项目应责令拆除或者关闭；引导人口逐步有序转移，实现污染物"零排放"，提高环境质量。

红线区内的湿地禁止任何与环境保护无关的开发建设活动，实施强制性保护，加强区内及周边的植被保护；不得设立开发区、度假区，不得出让土地，严禁出租转让湿地资源；严禁破坏水体，切实保护好动植物的生长条件和生存环境；禁止任何单位和个人在湿地保护区内从事采沙、开荒取土等改变地貌和破坏环境、景观的活动。防止引进外来有害物种入侵。海拔1800m以上的红线区，实施封闭管理，与生态保护有关的开发建设活动适度实施，实行最低的开发强度原则；引导人口逐步有序转移，积极开展人口生态搬迁，推进红线区内植被恢复，从源头控制水土流失。

生态功能黄线区内谨慎开发，严格控制污染物排放总量，实行更加严格的产业准入环境标准，严把项目准入关，加强开发内容、方式及开放强度控制；限制新建、扩建破坏生态环境的建设项目；禁止工业项目；引导发展生态农业和生态旅游业；黄线区内严格保护林区和植被较好的区域，对已有水土流失严重区域、盲迁造成的荒山荒地、村民居住地等区域，积极开展生态环境综合整治，大力实施生态修复。

4.1.3 创新水环境管理机制

（1）理顺管理体制，实现湖泊资源统一管理

研究将邛海流域涉及的喜德县、昭觉县等邛海流域上游地区环境保护相关事宜划归凉山州管理，委托西昌市统筹管理，统筹协调邛海流域三县一市，达成流域内生态环境保护问题统筹解决，提高项目的可执行性。在邛海泸山风景名胜区管理局的基础上，成立邛海湿地保护中心，加强湿地的保护管理。

（2）修订《邛海保护条例》，实现湖泊依法管理与保护

修订《凉山彝族自治州邛海保护条例》，衔接新《环境保护法》，率先在邛海流域划分生态红线，调控产业布局，落实生态红线各项管控措施；统一职能分工和行政权力，建立专项资金保障制度，统筹协调各部门工作任务，进一步落实"严格保护，综合防治，全

面规划，统一管理，合理开发，永续利用"的邛海保护方针。

（3）加强邛海流域管理，保护湖泊生态健康

为确保湖泊综合规划目标的实现，各行业部门及沿湖各地政府都要在邛海泸山管理局的统一领导下，严格按照湖泊规划要求共同做好湖泊的日常管理工作，以保障湖泊生态环境治理为首要条件，各项开发活动都必须经管理局批准同意后方可实施，各地各部门不得擅自进行开发活动，凡不符合规划要求的开发行为坚决予以制止。为保证管理高效高质量的开展，杜绝各类违章现象的发生，管理局应建立一支素质高、业务精、责任强的综合执法队伍，对各类违章违法活动进行及时认真查处，维护好湖泊的开发秩序。

4.2　加强邛海水土保持综合防治

4.2.1　开展生态清洁型小流域治理

推进宜林地人工植被恢复。落实《邛海及西昌城区周边植被恢复工程建设总体规划》，在邛海流域内选择宜林荒山荒地、火烧地和坡耕地，通过块状植被清理，土壤改良和整地后进行人工造林。为促进植被恢复，在地块内，根据实际需要采取幼林灌溉、补植等人工抚育措施，实施封山育林保护。在低质低效林地和灌木覆盖度小于30％、坡度较大、人工造林较困难的无林地，开展封山育林措施。开展人工巡护。根据封育面积大小和人、畜危害程度，考虑到当地封育难易程度，结合森林管护，落实专职或兼职巡护人员，对封育区进行人工巡护，防治乱砍滥伐和牲畜践踏。设置封育碑。选择符合封育条件的地块，在地块周围用网片、水泥杆等材料建设围栏进行全面围封，在封育区外围地势明显的地方设立永久封育标志牌，明确封育界限，起到警示和宣传作用。并根据立地类型、当地原有天然植被状况，确定封育类型和封育年限。封育地块应实施禁牧，禁止封育区内的一切人为活动，并设置专职护林员对封育地块进行管护，防止人畜破坏。同时承担林木病虫害、火情的监测工作。

大力推进生态移民工程。对于因盲迁人群造成荒山秃岭严重的地区，各级政府需逐步开展移民工程，合理布点，让盲迁移民迁入自然经济条件较好的区域，完善住房、交通、水电等基础设施，提供切实可行的就业机会，使盲迁户有稳定的经济收入。搬迁地点及人均口粮由农户户口所在地县（市）人民政府牵头落实，对生态搬迁农户拥有的坡耕地全部实施坡耕地造林，其坡耕地造林补偿标准参照国家退耕还林工程生态林补助标准执行。

着力开展农村能源体系建设。结合退耕还林成果，开展农村户用沼气池建设，在海拔2000m以下区域，积极发展农村户用沼气池，纳入"一池三改"项目；海拔2000m以上高山区开展省柴节煤灶和"一炉一灶"建设，着力解决退耕还林区域农民生活用能问题。

4.2.2　推进坡耕地水土综合治理

改造梯田（梯地）。由于土壤等条件的限制，流域内一般以修建石坎水平梯田和土坎

水平梯田为主。修建梯田按照先易后难、先近后远、先缓坡后陡坡的原则,优先选择交通便捷、土质好、邻近水源的坡耕地进行"坡改梯"。

种植生态经济林或水保林。对青河、官坝河、大沟河、干沟河交通相对发达,后备耕地资源较多的25°以下、土层较浅薄的坡耕地可发展生态经济林或种植水保林、种草。

坡面径流调控。对部分坡耕地、园地,合理配置坡面截水沟、蓄水池(沟)、排水系统等小型蓄排工程,控制降水形成的地表径流,减少汛期下泄的水量,增强防洪抗旱以及土壤保水保土能力,增加蓄水量,提高土地产出率。即在坡面上每隔一定距离沿等高线修建横沟及与若干横沟相通的纵沟,纵沟内修建若干跌水等消能设施,以及时排出坡面水流,截短坡长减少地表径流对坡面的冲刷。有条件的还可以在排水沟适当部位修建蓄水池或沉沙池等,以减少泥沙入河、塘、库,拦截径流中携带的有机物质,进一步减少面源污染物的输出。

25°以上坡耕地退耕还林还草。采取政策引导、加强宣传、政府补助等形式,制定退耕还林补偿优惠政策,保护农民利益,确保退耕不减收。退耕后进行封禁治理,提高植被覆盖度。

4.2.3　着力建设入湖河流沟道整治工程

完成重点支流河道泥沙综合整治。优先开展官坝河、鹅掌河流域沟道整治,将干沟河、大沟河、踏沟河、红眼沟等河流一并纳入治理范围,以主要入湖河流为重点,完成重点入湖河道泥沙综合整治,减少入湖泥沙量;实施青河主要拦沙工程、清淤清沙工程。在整治过程中尽量注意保持河道蜿蜒曲折的自然特性,以满足不同生物对栖息环境条件的需求,实现邛海入湖、出湖水系自然化和曲线化,提高生物多样性。

(1)沟道拦沙

全面治理入湖支流,按轻重缓急、分区分期、突出重点的原则,在鹅掌河、青河环海路上游段,建设梯级生态沉沙池,降低水流流速,提高沟道侵蚀基准面,促使山沟来沙快速沉积,防止水流再次产生揭底侵蚀;在鹅掌河、干沟河、踏沟河、红眼沟出山口段选择口窄肚大、沟岸稳定区段修建拦沙工程,排水滞沙,粗颗粒停淤在库区内;在官坝河、鹅掌河、干沟河中游区的河道内,采用柳桩块石谷坊拦截措施,在起到拦沙作用的同时增加旅游景观效果。

(2)生物防护林

对靠近邛海的鹅掌河、官坝河等小流域的下半段或尾端,在农田与河岸间的空地营造防护林,种植银桦、杨树、香樟、银杏、彩叶桢、金叶栾树等树种,达到稳定岸堤效果;引洪漫地内可种植水稻等水生经济作物,在出水后设置沉沙凼。对引洪漫地区域,引导施加有机肥,禁止施加农药、化肥。

(3)导排工程

采用引洪漫地措施,开垦出山口沟岸右侧荒地,形成阶梯式梯田工程,利用弯道离心作用,将水流引入田地,以实现农业发展和水质净化的双重作用。引洪漫地形式有畦田和S形串联两种,对于地势平坦的小区域采用畦田,每畦设有进出水口,水流呈斜线形,对于比降大的滩地采用串联形式连续漫淤。

（4）强堤固坡

在官坝河焦家村段、新任寺河段修建防护堤工程，并在堤岸弯道和水流冲刷段修建丁坝，削弱斜向波和沿岸流对河岸的侵蚀作用，促进坝田淤积，形成新的河滩，达到保护河岸的目的；在入湖湿地区域对堤岸、堤脚河滩和水下河道分别种植护岸林、固滩林和水生植物，形成从横向看高低错落有致的、纵向排列的三条植物带。

4.2.4　重点推进主要河流生态自净能力建设

开展河口底泥清淤，建设官坝河沉沙清淤场。在环湖路外侧、官坝河西侧结合官坝河山洪泥石流防治工程，在稳拦排清防治的原则基础上，将入海口的清淤工程提前在湿地外围解决。清淤场利用弯道动力学原理对官坝河残留的泥沙进行沉淀，河水经净化后再排入邛海。

建设水土保持林和生态岸线。固定官坝河入湖主河道，防止河道雨季变道，对其他区域造成侵蚀。主河道设置分岔水道，在雨季发挥泄洪作用，降低河水流速，削弱洪水对主河道的冲击力，防止官坝河任意改道。疏浚清理官坝河河口淤积泥沙，坚持退田还湖，开挖沉积泥沙。开展官坝河湿地恢复工程，以恢复官坝河古河道为切入口，模拟河口三角洲自然形态，开挖泥沙就近堆放，堆山堆坡，形成多种形态地貌景观，降低河口河水流速，促进泥沙沉积，防治泥沙进入邛海。

青河河口的 37.81hm² 河口滩涂上，开展水土保持林种植，防止河口冲积扇地区水土流失；拓展青河右岸原有支流河道（现为农业灌溉渠），分流青河和雨季洪水，沿青河河道设置多级沉沙池。通过沉沙池后的河水排入沿湖附近自然恢复湿地，经水生生物截留和净化河水中的污染物。

4.3　开展环境基础设施建设与旅游产业调控

4.3.1　加快环湖截污配套管网的建设

坚持"强化截污与回用，沿湖零排放"的原则，采用严格的雨、污水分流排水体制，完善邛海北岸、东北岸、南岸截污支管网建设，对接各部分截污干管，收集邛海沿岸、近郊场镇生活污水及旅游污水，污水收集后全部送邛海污水处理厂进行处理。

完善邛海北岸截污支管建设。结合小渔村至邛海污水处理厂段建设的环湖截污干管，配套建设该片区二、三级污水收集管网。二级、三级截污管网分布于一级截污干管北岸，管网沿道路敷设，二级、三级截污管网全长约 15.8km、22.5km，收集该片区居民聚集点或旅馆等产生的生活污水，污水经收集后送入邛海污水处理厂进行处理。

完善邛海东北岸截污支管建设。结合月亮湾至小渔村段建设的环湖截污干管，配套建设该片区二、三级污水收集管网。管道沿道路敷设，最终汇入一级截污干管，二三级管网总长约 18km。

完善邛海南岸截污支管建设。结合核桃村至缸窑村段建设的环湖截污干管，配套建设该片区二、三级污水收集管网。管网覆盖海南乡所有农村，管道沿道路敷设，最终汇入一级截污干管，二三级管网总长约 15km。

4.3.2 大力推进近湖场镇环境基础设施建设

加快邛海污水处理厂二级处理和深度处理改扩建工程。邛海污水处理厂改扩建工程新建一套 2.0 万 m^3/d 规模的二级处理构筑物，同时将现有的沉淀 + BAF 工艺改造为 2.0 万 m^3/d 规模的深度处理工艺。污泥经斜板污泥浓缩池—储泥池—脱水机脱水处理后外运填埋。污水处理厂配套实施服务区域内航天大道东延线截污干管。截污管道西起川兴镇毛家村，沿航天大道西行至火把广场，之后再顺民族大道、三岔口南路至邛海污水处理厂。厂外配套管网建设按远期 4 万 m^3/d 规模实施。二期工程设计污水管道总长为 8km（含预留支管）。

推进场镇及农村生活污水处理设施建设。根据村庄村民分布点排水量及污水处理规模合理划分"集中"和"分散"处理模式。在高枧乡联合村、王家村、张林村、陈所村集中居住区主要街道敷设二级管网长 4.8km，三级支管 5.3km；污水收集后经北岸截污干管，送邛海污水处理厂处理。在川兴镇的赵家村、海丰村和焦家村三个行政村的五个居民点搬迁后，安置点主要街道敷设二级管网 10.6km，三级支管约 16.2km；在污水收集后经"邛海污水处理厂改扩建工程"的配套管网（在川兴镇毛家村连接）送邛海污水处理厂处理。在大箐乡和大兴乡采用组合式人工湿地工艺新建集中式生活污水处理设施（大箐乡处理规模 200m^3/d，大兴乡处理规模为 400m^3/d），配套修建雨污管网以及沿河污水截流干管，确保污水管网服务人口比例达到 80% 以上。海南乡所有农村生活污水将由邛海南岸截污管网收集，并输送至邛海污水处理厂进行处理。四乡一镇未纳入集中处理范围的散户采用分散处理模式，根据散户居住聚集情况，分别采用 1 户型、5 户型、10 户型、15 户型、20 户型和 25 户型小型人工湿地，分散处理生活污水出水主要指标达《城镇污水处理厂污染物排放标准》（GB18918－2002）二级标准后，用于周边农田土地灌溉。

完善周边场镇及农村生活垃圾处理体系建设。按照"户集、村收、乡运、市处理"的处理模式，经收集后送往西昌市城市生活垃圾处理厂进行处置。加快乡镇配套集中中转站和村级配套垃圾收集池的建设，配套专人负责垃圾的收集清运。重点推进乡镇级清运清扫体系建设，可采取雇佣卫生人员或与保洁公司签订协议的模式，由专职队伍保障垃圾的全面清扫与收集；以试点的模式推进重点行政村垃圾清扫与收集工作，行政村可采用家庭轮流清理制或雇佣人员的方式清扫和收集农村垃圾。大箐乡新建户级垃圾收集池 215 座，村级垃圾收集房 3 座，新增保洁三轮车 7 辆。大兴乡新建户级垃圾收集池 200 座，村级垃圾收集房 3 座，新增保洁三轮车 8 辆。高枧乡新建户级垃圾收集池 173 座，村级垃圾收集房 6 座，新增保洁三轮车 5 辆。海南乡新建户级垃圾收集池 258 座，村级垃圾收集房 4 座，新增保洁三轮车 10 辆。川兴镇新建户级垃圾收集池 350 座，村级垃圾收集房 5 座，新增保洁三轮车 10 辆。

4.3.3　合理调控人口布局

进一步开展邛海周边生态搬迁。严格控制邛海周围，特别是湖岸 1km 范围内常住人口聚集点布局。合理调控人口过快增长，优化西昌中心城区扩张和城镇人口增长，2014 年，继续推进五期、六期湿地区域内退耕还湿、退田还湖、退房还湖措施和邛海周边生态移民搬迁工程。邛海东岸，搬迁川兴镇赵家村、海丰村和焦家村三个行政村 672 人，拆迁相应农户住宅设施，拆迁出月亮湾、青龙寺景区以外的临湖山庄、碧海山庄、莲池公园、小渔村（部分拆迁）等建筑及相关设施；邛海南岸、海南乡境内征地 3178 亩，搬迁安置 860 户居民。征地范围内土地，搬迁原有居民，并对项目建设区的失地农民，按照西昌市安置方案和补偿标准解决经营性用房和安置房。城市新区建设必须优先配套环境基础设施建设。适度控制邛海流域农业人口的增长，通过生态移民搬迁和加快农转非、城镇化步伐，力争实现流域农村人口的"零增长"，尤其严格控制邛海环湖周围散居农村人口的增长。

依托新农村建设适度控制人口。在沿湖滨带外侧形成旅游及服务产业开发区，适度控制人口。利用具有较好发展现状或潜力的居民点，在空间上能够为周边乡村地区提供设施服务的居民点，建设新型农村社区，配置合理的公共服务设施，充分考虑村庄自身以及周边乡村服务半径等多种因素，为自身及周边乡村提供均质服务，对靠近湖岸的散居农户，逐步搬迁或整治，实现集中居住。

结合农村环境综合整治，打造特色小城镇。2015～2017 年，结合农村环境综合整治，在川兴镇、高枧乡、海南乡等具有发展潜力的场镇，依托良好的交通条件和用地条件，加强公共设施配置，整治村镇环境，打造特色小城镇。靠近城区的城郊村直接纳入城市建设管理范畴，统一设施配置；与城市距离较远，短时间内无法与城市建成区连片的村庄主要进行环保基础设施的合理配置和村容的整治，发展特色农业及服务业。

4.3.4　优化旅游产业发展格局

适度控制旅游开发强度，发展特色旅游，加强精品旅游区建设，打造邛海泸山景区。突出山水城相连及生态气候特色，重点发展阳光月色之旅和运动休闲之旅；突出民风民俗特色，打造樟木樱桃、川兴桃花等乡村旅游和"农家乐"旅游项目。强化旅游基础设施建设，建立调节和支持旅游业发展的有效机制，树立有吸引力的旅游形象，提升旅游业的发展潜力，开发有特色的旅游度假区，实现旅游业的可持续发展。

充分利用邛海泸山风景区以及相邻的螺髻山、西昌航天城的旅游资源和市场基础，优化发展旅游服务业。旅游产业从接待事业型向经济产业型、单一型到复合型、粗放型向集约化、景区带动型向景区城市双带动型的转变。强化旅游产品开发和旅游服务升级，以邛海环境承载力为依据适度控制旅游规模，加强风景区内生态环境和乡土景观的保护，控制风景区内居民点的人口规模，着重发展休闲旅游业。

优化布局旅游景点，划定旅游区、限制旅游区和控制旅游区，控制旅游开发强度，减少旅游开发对邛海的污染新增负荷。旅游开发布局如下：（1）一般旅游区，保持历史旅游区和城市风景区（湿地一、二），并在原有基础上进行生态保护提升，实现旅游区域规范化和生态化，拆除原有设施，取缔大量湖周餐饮，新设施污水进入管网，实施生态打造，有效改善和提升城市环境和生态城市形象；（2）禁止旅游区，在生态敏感区、物种重要生境和重要水体保护区（入湖河口、饮用水水源保护区、珍稀鸟类栖息地等）设置禁止旅游区，严格控制游客进入；（3）限制旅游区，在具备生态和环保功能的区域设置限制旅游区。

图 4 - 1 邛海周边旅游布局分布示意

4.4 分类实施农业面源污染防治

4.4.1 加快农业产业结构调整

改变邛海周边土地利用模式，流域黄线区分别以生态旅游＋生态农业＋休闲观光农业为主。以川兴镇、高枧乡为中心，取消川兴坝子地区特别是高枧乡的农田常规作物种植，限制设施农业发展；加快川兴坝子地区农村居民城镇化，搬迁农村居民点，农村居民逐步退出农业生产，农村土地转变为生态林用地、休闲旅游用地或休闲观光农业用地。积极发展现代生态农业和休闲观光农业，在旅游、经济创收的同时，减少环湖近岸地区大面积农药化肥的播撒。逐步形成邛海周边的鲜切花、观赏苗木产业带，作为风景区的景点延伸和补充，兼顾旅游、休闲和度假为一体的新型城郊新农村现代观光花木园林示范集群区。鲜切花以康乃馨、唐菖蒲为主；观赏苗木以温带、亚热带绿化苗木、观叶植物为主，适度开发盆花、盆景、盆栽观赏植物。全面转变邛海流域的农业产业布局，调整产业结构，减少大面积施肥、灌溉等生产模式，推行经济集约、环境友好的生产种类及模式。

4.4.2 强化养殖业污染防治

划定全流域为规模化（小区）、专业化畜禽养殖禁养区。全面禁止专业户以上规模的畜禽养殖业发展。对散户养殖密集区域，实施畜禽粪便集中收集处理处置，推行粪便生产有机肥，为设施农业和观光农业提供肥料保障；对养殖散户，要求全面采用干清粪方式，并配备建设有固定防雨防渗污水/尿液储存池；对农业利用粪便的，必须保证每亩土地年消纳粪便量不超过 5 头猪（出栏）、200 只肉鸡（出栏）、50 只蛋鸡（存栏）、0.2 头肉牛（出栏）、0.4 头奶牛（存栏）的产生量。

推广农业固废实施无害化处理处置。在流域范围内的广大农村建立固废管理系统，通过收集和河道阻截，清除农业生产所产生的固废面状污染源，阻截其进入邛海；以集中式和分散式相结合的方法，对农业生产所产生的固废进行处理和利用，其中在农村经济较发达的平坝地区以集中式产业生产多功能复合肥为主，保证无害化处理与利用，同时，在山区或半山区以分散式农户型堆沤肥处理，作为农户利用农业生产固废的方式。

4.4.3 加强农田环境监管

加强流域范围内的病虫害预测预报，科学使用农药。在病虫害防治上要做到有药、有量、有方法，不能凭经验用药和盲目用药；开展农作物病虫害绿色防控和统防统治，推广使用低毒、低残留的生物农药，减少化学农药的残留污染，使流域范围内的农业产品逐步达到有机食品的标准。实行测土配方施肥，推行精准化平衡施肥技术，2020 年测土配方施肥技术推广覆盖率达到 90% 以上，化肥利用率达到 40% 以上。通过对土壤实施区域性农田养分管理，明确流域范围内土壤养分的空间分布情况，结合作物的养分需求，对作物进行滴灌施肥。

加强对环湖周边农田环境的监管。花大力气定期对邛海周边的农田环境进行整治，加强监管，确保邛海周边的农田环境整洁有序。加强农民用药、用肥的科学指导技术，提高农民的认识程度，增强科学施药、施肥的意识；强化农药、化肥的环境管理，制定相应的监督管理措施与法规，完善土壤肥力监测体系建设，加强肥料质量管理。

4.5 推进湖泊生态环境保护和修复

4.5.1 优先开展环湖人工湿地改造

调整三期湿地中土城河、缺缺河、干沟河等入湖河流人工湿地现有工艺。结合三期人工湿地污水处理工艺现状，在人工湿地上游增加潜流型或亚潜流型功能湿地，将目前三期湿地作为其后续处理系统，改善当前人工湿地进水负荷较高的问题。在现有人工湿地入水端设置表面曝气机，增加湿地入水溶解氧浓度，增强湿地处理过程中耗氧过程。调整三期湿地植物体系配置，设置不同功能分区，控制狐尾藻生长量，生物处理池补种芦苇、茭草、菖蒲等植物，稳定塘种植荷花等挺水植物。防范生物入侵风险，控制朱家河湿地水葫芦生长管理，严格隔离防止水葫芦向邛海湖体内蔓延生长。制定人工湿地运行管理制度，明确湿地进出水装置管理、定期清淤维护以及湿地植物不同季节、不同生长期内田间管理、病虫害防治等事项。

邛海东岸和南岸湿地恢复工程应明确部分湿地功能定位，因地制宜突出湿地污水处理功能，加大人工介入力度，要与东岸和南岸整体规划相结合，恢复滨水低洼地区天然湿地；在东岸农田密集和海南乡等农村人口集中、农业相对发达的地区，根据水系汇流情况和实际地形地貌，建设功能型人工湿地。通过功能型人工湿地建设，融合自然景观设计，强化湿地对湖体周边面源污染物的去除效果。

4.5.2 着力开展湖滨带生态修复

进一步落实湖滨缓冲带内"三退三还"措施。对湖滨缓冲带内农田、鱼塘、房屋、宾馆酒店等实施清退，并控制缓冲带外围的村落、景区、城镇等生活污染，最终彻底清除缓冲带内的人为干扰和各种不合理侵占，为缓冲带的生态修复奠定基础，减少周边污染物的入湖量。

在踏沟河、红眼沟、鹅掌河河口开展河口湿地恢复和河口林地恢复。河口湿地恢复：在踏沟河、红眼沟、鹅掌河口进行林地、沼泽地改造，恢复完善其生态系统，特别对鹅掌河口模拟自然，进行河口漫滩处理，即将河口处挖成岛状陆地，使水陆交融，使河流速度变缓，有利于水生植物生长，给鱼类产卵创造良好的环境。陆域栽种以国槐、小叶榕、四季杨、忍冬、花叶绣线菊、火棘等乡土树种为主，湿生植物主要选择在邛海常见的芦苇、泽泻、野慈姑、菱角等，形成芦苇、茭草、菱角等水生植物群落。逐步恢复其生态功能，为生物提供较好的栖息地。规划面积40.63hm²。河口林地恢复：在红眼沟的冲积区和鹅掌河的冲积扇进行林地改造，植被以密林为主，形成乔灌草相结合的稳定的植物群落，改善土壤、防治鹅掌河泥石流。规划面积47.53hm²。

推进湖滨湿地缓冲带建设。在邛海环湖最高水位与最低蓄水位（海拔1509.30m）之间，选取有条件区域建设湖荡湿地，栽种芦苇、菖蒲、野慈姑、茭白、水竹、菱角、睡莲、苦草等水生植物，营造鱼类、底栖生物生境条件。开展邛海东北岸和邛海南岸湿地缓冲带建设。在邛海北岸部分农田区域外，横向进行大面积水道开挖，从湖岸到环湖路恢复成不同层次带形湿地空间；在邛海东岸，青河以北，沿岸用地狭长，高差较大，水土流失严重，对东岸人工石砌岸线进行缓坡生态处理，尽可能恢复自然缓坡岸线，对焦家大鱼塘进行退塘还湖生态治理，改善焦家大鱼塘和邛海水系循环，恢复沼泽类近似自然湿地。

4.5.3　不断加强湖泊生态保育

生物栖息地修复，通过湖滨带湿地建设、栖息地改造以及物种繁育基地建设等措施，保护流域内各种生物资源，维护流域物种多样性和生态系统稳定性。

建设鸟类栖息地、土著水生植物和水禽保护区。在邛海西北岸部分区域、邛海南岸龙沟河以东古城河以西区域，通过植被恢复、生境建设、栖息地恢复改良等措施，建设鸟类栖息地，促进鸟类种群恢复和森林生态系统以及生物多样性的保护。在邛海北岸临海一带建设土著水生植物和水禽保护区，保留现状较好的岸线绿化和水生植物，恢复土著水生植物和水禽生存环境。

开展土著鱼类种群恢复保护。依托湿地沿湖周边各种水生植物、挺水植物、浮水植物、沉水植物群落，形成鲤、白鱼等土著鱼类主要产卵场合养育场。在邛海东岸岸线生态修复带、青河河口水土保持及湿地恢复片区西侧和邛海南岸选择人为干扰相对较小的岸线区和水域，建设鱼类繁殖区。

开展土著水生植物多样性恢复。邛海湖盆区湿地水生植物多样性恢复主要是在邛海湖滨区进行，根据邛海原有的乡土湿地水生植物种类和群落，按照湿生植物带（湿生乔木）→挺水植物带→浮水植物带→沉水植物带分布模式进行恢复。在具体的恢复过程中，应尽可能在保留现有植被的基础上，注重本土、优势、美观、有利物种生物群落的恢复和发展（如芦苇群落、茭草群落、莲群落、狐尾藻群落、金鱼藻群落、眼子菜群落等），注重对本土弱势群落分布的保护和恢复（如野菱群落）。

控制外来物种。选取合适方法，加强对凤眼莲、紫茎泽兰、空心莲子草等外来物种的防范和清除工作，控制其扩展和蔓延。对人工增殖的土著物种进行恢复，使土著物种重新占据入侵物种的生态位，达到生态环境的稳定。对湖泊周围生活的群众进行入侵种的种类及危害教育，避免入侵种被再次引入。

4.5.4　完善湖泊生态调控与管理

实施邛海流域湖泊生态安全调查评估项目。注重邛海流域本土生境普查，根据邛海流域生态环境保护的需要，2015年，完成邛海流域湖泊生态安全调查评估项目，针对邛海生态健康及湖库安全进行综合调查，并对生态保护现状进行评估。通过委托技术机构开展专题调研，建立相关数据库，为湖泊生态环境保护和试点绩效评估提供和积累基础资料。

建设邛海流域生态监测系统。建立湖泊的监测体系，对邛海及入河支流上游3000m的水域、生态、资源、水质以及汛期水情等进行动态监测，建设一套完整的湖泊数据库。因地制宜地开展湿地生态物种栖息地及观测站建设。结合邛海旅游景点建设，在湿地保护修复工作中，开展湿地生态塘渔业养殖，留鸟、候鸟栖息地建设、观鸟场景地建设等科研项目。建设土著鱼类科研观测站、鸟类科研观测站、珍稀植物研究站等科研监测站点，监测邛海周边生物资源，建立邛海流域物种资源库，筛选重点保护的物种资源和濒危物种清单，制定邛海湖区生物多样性保护战略措施。泥沙淤积监测，建设官坝河水土保持生态环境监测站、青河水土保持生态环境监测站等。

推动邛海周边渔业生态系统管理。确定邛海适宜的捕捞量，改变传统的捕捞方式，限定捕捞的时间和方式。邛海流域禁止围网养鱼，推行邛海渔业天然养殖。禁止细网捕捞鱼类，全面取缔网箱养鱼，禁止邛海渔业饲料养殖，禁止向邛海投放螃蟹、草鱼等食草性水产品，调整邛海水产品养殖结构，增大滤食性鱼类的投放量，实行禁渔期，划定禁渔区，保证鱼类生长和正常繁殖。

4.6　构建饮用水水源环境安全保障体系

4.6.1　严控邛海取水总量

实行最严格的水资源管理制度，实行水资源总量控制原则，科学预测区域经济发展对水资源的需求，以保障湖泊生态安全为基本出发点，优化区域水资源配置，控制邛海日取水规模在6.4万吨/天以内，减少枯水季取水量，新增城区部分基本实现左干渠和西河供水。

积极开展再生水回用工程。进一步完善城市污水处理厂管网配套建设工程，积极开展城市再生水回用工程，鼓励大中型酒店餐饮场所建设雨水、再生水回用设施，减少邛海取水量，节约水资源，减少污染物入湖量，减轻邛海水资源压力。

逐步实现环湖集中供水，坚决取缔沿湖餐饮服务业的自备取水设施；优化农业灌溉提灌站建设，在满足流域农业有效灌溉基础上，尽量减少邛海农业提水的水量。实施农业种植区灌溉末级渠系建设和改造，结合坡改梯等水土流失改造工程，规划一批山平塘、蓄水池、排洪排涝以及小型渠系建筑物，积极引导农户参与小型水利设施的工程组织、建设和管理。

4.6.2　开展饮用水源标准化建设

开展邛海饮用水源地标志、标识建设。在邛海水源保护区内进行水源地标识、标志建设。在水源地保护区设立标志以明确保护区边界、进行警示和提醒，是保护饮用水水源的非常有效的管理手段和保证饮用水水质安全的重要措施。将饮用水水源地保护区的划分范围及保护要求告知公众将有助于水源地保护区的保护工作。

水源地一级保护区进行围栏建设。沿一级保护区水域边界设置标示浮标，限制无关船只进入一级水域保护区，以控制湖区内村民交通木船等带来的水质污染风险。在保护区设立界碑、界桩。开展水源地保护区综合整治以及水源地自动监测系统项目建设。

定期开展饮用水水源地环境安全评估。将水源环境现状，环境管理现状，环境风险评估，预测湖区水质状况，取水口布局，分析湖泊演化和水质发展；饮用水源地隔离保护、警示标志等保护措施建设，饮用水源地水质监测、预警，应急预案制定、制度保障等作为环境安全评估的主要内容。

4.6.3 严格水源地环境执法

2015 年，完成水源地综合整治。对水源地保护区内企事业单位及农家乐进行全面摸排，禁止设置排污口。根据《水污染防治法》，拆除一级保护区内与供水设施和保护水源无关的建设项目，对水源地一级保护区内农户、厂房等按有关规定，予以拆除。根据《凉山彝族自治州邛海保护条例》，正常蓄水位线以上陆域 40～80m 的沿湖地带划为建设工程控制区，不得新建任何永久性和临时性建筑物、构筑物，对已有的违章建、构筑物，一律限期拆除。

优先实施水源保护区内生活污染防治。结合"一池三改"（改厕、改圈、改厨）建设沼气池，解决农村生活污水乱排现象。对二级保护区及准保护区内无法搬迁的居民，实施截留污水，因地制宜配套畜禽养殖废水的沼气＋人工湿地处理设施。

加强对船舶流动源治理。清理整治违法营运船只，严格控制邛海湖区游船的规模和数量。全部取缔邛海周边及湖面烧烤摊点。控制湖区管理用水上交通艇污染，在湖区管理中，应严格控制当地水上交通木船的事故风险水平，加强安全管理。加快推进水源地农家乐的整治工作，建立长效管理机制。

4.6.4 建立健全水源地安全预警体系

严控水源地环境激素类化学品污染风险。开展邛海流域范围内环境激素类化学品生产使用情况调查，监控评估水源地环境激素类化学品污染风险，优先实施流域内环境激素类化学品淘汰、限制、替代等措施。

加强饮用水水源地水质自动监测预警。开展水源地在线监测系统建设，按 GB5749《生活饮用水》标准要求，由通过国家实验室资质认证的机构开展相关水质检测。2015 年，在取水口上下游各设置水质自动监控点 1 个，在一级保护区内设置湖底泥沙淤积监测点 1 个；实行全天 24 小时连续监控。基于水源地在线自动监测系统，建立邛海蓝藻水华的预警与应对管理机制。目前应加强对蓝藻水华的预警，防范水源地水华风险。

4.6.5 推进水源到水龙头全过程监管饮用水安全

凉山州、西昌市各级政府和供水单位应定期监测、检测和评估饮用水水源地、供水厂出水和用户水龙头水质等饮用水安全状况，2016 年定期向社会公开，自 2017 年起，所有饮水安全状况信息向社会公开。

5 邛海渔业发展状况

5.1 发展沿革

　　邛海渔业在西昌市渔业生产中占有重要地位。图5-1为1949年至2014年邛海捕捞量与渔船数。1958年以前，沿湖渔民自由下海捕捞天然鱼类资源，年平均渔获量不足60t，20世纪60年代前的渔获物以土著鱼类为主，其中鲤、鲫占60%，乌鳢占30%，其他占10%。1958至1965年，国家对沿湖渔民进行了组织管理，加之渔具及捕捞方法的改进，渔获量逐年上升。1965年以后，开始人工投放鱼苗（如鲢鱼、鳙鱼、鲤鱼、鲫鱼等），渔获量中人工投放品种产量比例增大。20世纪70年代以来，成立了专职管理机构，采取了一系列增殖保护措施，邛海鱼产量不断上升，渔获量持续维持在117t左右。20世纪80年代，渔政部门大量投放青鱼、草鱼、鲢鱼、鳙鱼、鲤鱼、鲫鱼、鲂鱼等鱼苗总计达5200万尾，使邛海渔获量增加到339t左右。1990年，邛海鱼产量达470t，占全市水产品总产的41.7%，占四川省湖泊鱼产量的85.3%。1990年至2002年，渔政部门除进一步投放四大家鱼外，有选择地投放鳊鲂等品种，1991年起投放太湖新银鱼，这一系列措施使邛海渔获量达到了年平均450t左右。1994年到1998年邛海渔业年产量为400~500t，共有829条捕捞小木船和215条捞虾船（静水载重2t），以及46艘15匹马力的银鱼捕捞船；1999年开始邛海渔业承包后渔业年产量上升到500~600t，渔业生产船只大幅度减少。2001年至

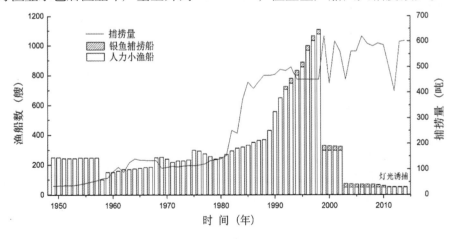

图5-1　邛海历年捕捞量与渔船数（1949~2014年）

2002 年，邛海年渔获量超过 600t。到目前水产公司使用渔业捕捞小木船 50 艘，运输及辅助船 3 艘（每艘 15 马力），巡逻护鱼快艇 6 艘（每艘 40 马力）。1999 年承包后银鱼捕捞机动船逐渐减少，2009 年开始试用灯光诱捕，以及少量银鱼刺网捕捞银鱼，到 2013 年灯光诱捕已经全部取代机动船捕捞银鱼，共使用 5 组灯光诱捕设备，每组 2 只 95W 照明，合计总功率 950W，银鱼平均年产量 30t。

5.2 发展现状

2003 年至 2013 年渔获组成如图 5 - 2 所示：外来种（鲢鱼、鳙鱼、太湖新银鱼、鲤鱼）占据渔获量的绝对优势，其中鲢鱼、鳙鱼基本占据 80% 以上（2012 年约 65%），太湖新银鱼平均占 6% 左右但 2012 年约占 25%；土著鱼产量明显小于外来种，以邛海白鱼为例，几年间平均占 7.8%（5.9% ~ 11.0%）。邛海鱼产量 11 年间平均渔获量约为 613t（499 ~ 730t）；邛海渔获物组成上发生了极大变化，外来种基本代替了土著种，主要土著鱼类已趋灭绝。

此外，2003 年至 2013 年邛海青虾产量呈先减后增再减再增趋势（图 5 - 3），2007 年最低为 8.5t，2003 年与 2009 年最高为 11t，11 年间平均产量 9.9t。

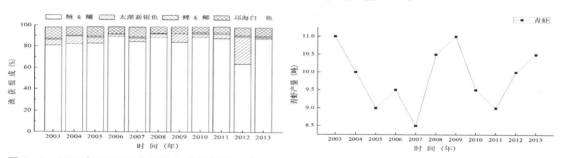

图 5 - 2 2003 年至 2013 年邛海渔获量及其组成变化　　图 5 - 3 2003 年至 2013 年邛海青虾产量变化

鱼类区系组成方面，邛海最多记录有 47 种鱼类分别隶属于 6 目 11 科，根据调查资料的综合分析，邛海有原产鱼类 20 种，分隶 5 目 8 科 20 属，其中有 3 种为邛海特有，即邛海白鱼、邛海红鲌和邛海鲤，其余 17 种也广泛分布于长江的干支流。综观邛海鱼类区系的特点是种类贫乏、个体较小、生长稍慢，这是云贵高原湖泊鱼类的共同特点。

5.3 管理方式

自 1999 年起，邛海渔业资源开始由邛海水产公司承包经营。邛海泸山风景名胜区管理局与邛海水产公司签订"邛海渔业养殖承包合同"，依据合同条款，邛海水产公司每年向邛泸管理局缴纳承包费，用于支付渔（虾）民的补偿费用和邛海保护及管理费用，而邛庐管理局也对邛海水产公司的渔业生产进行全过程监管。

6 邛海渔业资源现状调查

6.1 调查范围、内容及方法

6.1.1 调查范围

调查范围为邛海湖体及湖滨带湿地，重点调查湖湾、入湖河流汇口与出湖河流附近的水域。不同生物类群调查重点不同：沉水植物调查点位、浮游生物调查点位、底栖动物调查点位相同（见图2-2）；鱼类调查无固定点位，每次对放置于不同湖区的2~3个网具内所捕获的渔获物进行调查。

6.1.2 调查内容与方法

6.1.2.1 邛海鱼类饵料资源现状调查

（1）水生植物调查

大型水生植物按其生活型可分为挺水、浮叶、漂浮和沉水四类，四类水生植物采样方法如下：挺水植物群落样方面积一般采用 $1 \times 1 m^2$，将样方内的全部植物从基部割断，分种类称重；浮叶、漂浮和沉水植物用水草定量夹（完全开口时网的各边长50cm，面积共计为 $0.25 m^2$。尼龙网长90cm左右，网孔大小为 $3.3 cm \times 3.3 cm$）采集，将采集的 $0.25 m^2$ 样方内的全部植物连根拔起，每点采两次。

将采集到的植物洗净，装入已编号的样品袋内带回实验室。在室内取出袋内植物，去除根、枯枝、败叶及其他杂质，去除植物体表多余的水分，分种类称重（湿重）。最后换算成每平方米面积内各种大型水生植物的重量（湿重）。

（2）浮游植物调查

浮游植物定性样品用25号浮游生物网在水面捞取，带回实验室做活体观察；定量样品取表层水和水面下0.5m处水各5L，混合均匀，取混合水样1L，加鲁哥氏碘液固定。带回实验室，移入沉淀器，静置24小时后，吸去上清液，定容至30mL。用血球计数板在显微镜下分属计数。具体参照《淡水浮游生物研究方法》（章宗涉、黄祥飞编著，科学出版社，1991年版）和《中国淡水藻类》（胡鸿钧、魏印心编著，科学出版社，2006年版）的方法进行采样分析。

（3）浮游动物调查

浮游动物研究的选点与浮游植物相同，在选定各区中根据实地的具体情况分别设置样点进行浮游动物样品的采集，用 13 号和 25 号浮游生物网采集定性鲜活及固定标本；在 0.5～1m 水层深度范围内，以 1000mL 采水并采定量水样，经固定、浓缩为 30mL，用 0.1mL 和 1.0mL 计数框，分别计数原生动物、轮虫、枝角类和桡足类。调查浮游动物种类、分布区域以及随水质理化指标不同而发生的动态变化。

（4）底栖动物调查

底栖动物标本的采集及处理依据《内陆水域渔业自然资源调查手册》（张觉敏、何志辉等主编，1991 年版）、《水库渔业资源调查规范》（SL167－96）、《淡水生物资源调查方法》（中国科学院水生生物研究所）、《渔业生态环境监测规范》（SC/T9102－2007）、《淡水浮游生物研究方法》（章宗涉、黄祥飞编著，1991 年版）、《中国生态系统研究网络观测与分析标准方法——湖泊生态调查观测与分析》（孙鸿烈、刘光崧主编，1990 年版）以及《湖泊采样技术指导》（GB/T 14581－93）等标准进行。底栖动物定量采集用 1/16m^2 的彼得生采泥器进行。采得的泥样经 60 目筛网筛洗后，置于解剖盘中将动物捡出，个体较小的底栖动物用湿漏斗法分离。捡出的动物用 5% 的甲醛溶液固定，然后进行种类鉴定、计数及称量。底栖动物标本鉴定参考的主要资料有《中国小蚓类研究——附中国南极长城站附近地区两新种》、*Aquatic Oligochaeta of the World*（《世界水栖寡毛类》）、*Identification Manual for the Larval Chironomidae（Diptera）of North and South Carolina*（《南北卡罗来纳州摇蚊科（双翅目）幼虫鉴定手册》）和 *Aquatic Insects of China Useful Monitoring Water Quality*（《可用于水质监测的中国水生昆虫》）。

6.1.2.2 邛海鱼类资源现状调查

收集整理邛海鱼类区系研究的相关文献，结合渔民访谈和现场考察（2012 年 7 月～2014 年 7 月共 6 次野外考察）及标本采集，评估邛海各土著鱼类的生存状态。鱼类标本鉴定依照褚新洛和陈银瑞（1989、1990）。

通过对邛海的商业捕捞进行调查，收集渔船、渔具和捕捞者等的相关资料，统计渔获物的种类组成、重量、数量、比例以及日单船产量，综合分析以揭示鱼类的资源状况和变化趋势。项目组成员对渔获物进行鉴定并分类统计。

根据邛海鱼类的组成和周边渔民的捕捞情况，将鱼类资源量调查分为三个部分。

（1）渔获物统计

项目组成员在统计渔获物时即仔细鉴别鱼的种类，测量每尾鱼的体长、体重。如果不能做到逐尾测量，应该对所统计的渔获物进行抽样，按不同的种类分别计数、称量。

（2）数据记录

采集到的数据及时按记录表的项目逐项做好记录，记录用铅笔书写，做记录的人要在记录纸上签名，以便日后查对。对每次新统计到的种类和采样情况要在备注栏或采集情况栏醒目位置注明，以便日后总结和查询。渔获物记录中，默认的单位为℃、mm、g、艘、部，如果采用其他单位，需在记录中注明。

（3）数据处理和分析

原始数据的存档、录入和建立数据库：

采集并记录到记录表（表6－1）中的数据为原始数据，原始数据不得随意改动。把原始数据及时录入到计算机中的 excel 电子表格，建立相应的数据库。

渔获对象的数量和重量比：

通过对数据库中的数据用相应的计算软件进行分析，可以得出每次调查的渔获物的种类组成，不同种类的尾数、重量以及数量比和重量比。

体长和体重组成：

通过对数据库中的数据用相应的计算软件进行分析，可以得出每次调查的渔获物不同种类的体长、体重范围和组成。

单位捕捞努力量及其渔获量：

单位捕捞努力量以每只渔船一天的作业来表示。单位捕捞努力量的渔获量（the catch per unit of fishing effort，简称 CPUE）用日平均单船产量来表示。通过调查访问或者直接统计每天渔民作业的船只数量和每船捕捞的渔获物重量，来得到使用不同渔具的日单船产量。

年总渔获量的估算：

年总渔获量的估算是通过统计单位捕捞努力量的渔获量和捕捞努力量的乘积而得到的。单位捕捞努力量的渔获量用日平均单船产量来表示。捕捞努力量是由不同渔具的年作业渔船数目和不同渔具的平均年作业天数的乘积来得到。知道了日单船产量和捕捞努力量，就可以估算出年总渔获量。

表6－1　渔获物调查记录表

编号：记录人：

日期：		采集地：		渔具：		
天气：		气温：		水温：		
其他说明						
鱼名	体长	体重	备注	鱼名	体长	体重	备注

注：默认单位℃、mm、g，其他单位需注明。数尾鱼一起称量时，可填写在"体长"栏，并注明"尾"

6.2 调查结果

6.2.1 浮游植物

根据项目组2013年至2014年的调查数据，邛海浮游植物有77种，其中绿藻门26种，硅藻门25种，蓝藻门16种，隐藻门5种，甲藻门2种，裸藻门2种，黄藻门1种。浮游植物平均生物量约为17.17mg/L，总体而言硅藻门的生物量最大，其次为隐藻门、甲藻门、绿藻门、蓝藻门、裸藻门。

6.2.2 浮游动物

（1）种类组成

经调查在邛海共采集到浮游动物42种，其中原生动物16种、轮虫14种、枝角类7种以及桡足类5种。其中2013年12月采集到34种，2014年7月采集到31种。

（2）密度

邛海浮游动物平均密度在2013年12月为2249.5ind./L，以原生动物最高，为1178ind./L；其次是轮虫，为1055ind./L；桡足类再次之，为12.1ind./L；枝角类最低，为4.4ind./L。在2014年7月为1576ind./L，以原生动物最高，为1124ind./L；其次是轮虫，为435ind./L；桡足类再次之，为16.8ind./L；枝角类最低，为0.2ind./L。邛海浮游动物密度以2013年12月较高，而2014年7月较低。

（3）生物量

邛海浮游动物平均生物量在2013年12月为1481μg/L，轮虫占优势，生物量为1267μg/L，占85.5%；枝角类、桡足类和原生动物均较低，分别为89μg/L、67μg/L和58μg/L，分别占6.0%、4.5%和4.0%。2014年7月生物量为675μg/L，轮虫占优势，生物量为522μg/L，占77.3%；其次桡足类为94μg/L，占14.0%；再次原生动物为56μg/L，占8.3%；枝角类最少，为3μg/L，仅占0.4%。

（4）优势种

邛海浮游动物优势种有尖顶砂壳虫（*Difflugia acuminata*）、褐砂壳虫（*Difflugia avellana*）、王氏似铃壳虫（*Tintinnopsis wangi*）和壮伟长吻虫（*Lacrymaria elegans*）等原生动物，无棘螺形龟甲轮虫（*Keratella cochlearis tecta*）、短棘螺形龟甲轮虫（*K. cochlearis micracantha*）、广布多肢轮虫（*Polyarthra vnlgaris*）和暗小异尾轮虫（*Trichocerca pusilla*）等轮虫，僧帽溞［*Daphnia*（*Daphnia*）*cucullata*］等枝角类，舌状叶镖水蚤（*Phyllodiaptomus tunguidus*）、刘氏中剑水蚤（*Mesocyclops leuckarti*）和透明温剑水蚤（*Thermocyclops hyalinus*）等桡足类。

6.2.3 底栖动物

（1）种类组成

通过四次调查共采集到底栖动物 35 种，其中寡毛类 23 种，水生昆虫 8 种，软体动物 2 种以及其他 2 种；寡毛类占优势。

不同区域底栖动物多样性有差异。种类最丰富的站点为小渔村，共记录 18 种；最少的站点为二水厂，仅 7 种；其他站点的物种数保持在 10 种左右，变幅为 9 ~ 12 种。

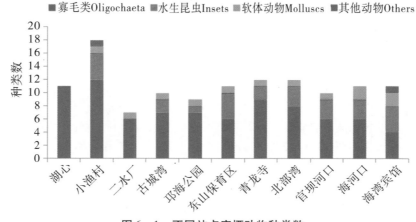

图 6 - 1　不同站点底栖动物种类数

就不同时期而言，底栖动物物种多样性差异较大。2013 年 5 月和 8 月的物种较为丰富，分别为 22 种和 24 种，而 2014 年 1 月和 7 月两次记录的物种相对较少，分别为 8 种和 9 种。

（2）密度

邛海底栖动物的平均密度为 855.3ind./m²，其中寡毛类密度为 744.0ind./m²，占 87.0%；水生昆虫密度为 70.2ind./m²，仅占 8.2%；软体动物密度更小为 41.1ind./m²，仅占 4.8%。

就不同站点而言，古城湾和北部湾两个站点密度最高，分别为 1688.0ind./m² 和 1738.0ind./m²，可能与该处底质较为稳定，且有机污染比较严重有关；而底质不稳定的官坝河口区域密度最低，为 420.0ind./m²，其他站点密度差异较小，变幅在 508 ~ 976ind./m²。

就不同时期而言，2013 年两次调查中，底栖动物的密度较高，分别为 1553.6ind./m² 和 1368.7ind./m²，寡毛类占绝对优势，但 8 月份的水生昆虫密度有所上升。2014 年的两次调查中，底栖动物的密度较低，仅分别为 132.4ind./m² 和 452.4ind./m²，均为寡毛类占优势。

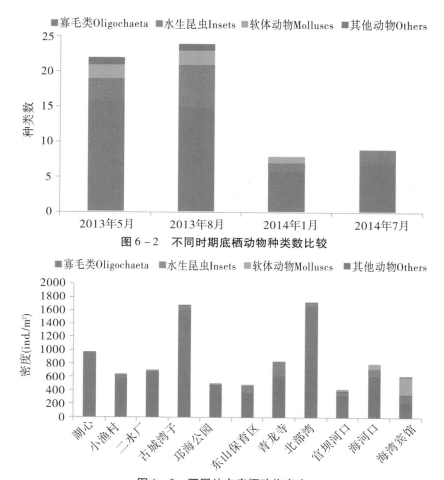

图 6-2 不同时期底栖动物种类数比较

图 6-3 不同站点底栖动物密度

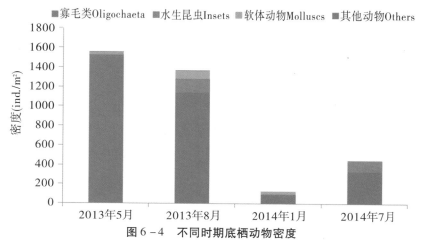

图 6-4 不同时期底栖动物密度

（3）生物量

邛海底栖动物的平均生物量为 55.9g/m²，其中寡毛类生物量为 1.6g/m²，仅占 2.9%；

水生昆虫生物量更低，仅为 0.1g/m²，占 0.2%；软体动物生物量占绝对优势，达到 54.2g/m²，占总生物量的 96.9%。

就不同站点而言，海河河口和海湾宾馆两个站点生物量最大，分别为 192.0g/m² 和 117.9g/m²，决定于软体动物的出现。其他站点较低，均以环棱螺等软体动物占优势。

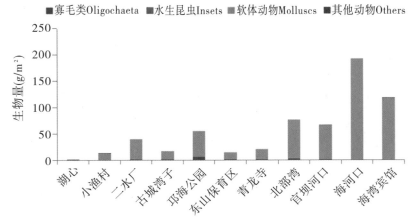

图 6-5　不同站点底栖动物现存量

就不同时期而言，2014 年 1 月的调查中，由于采集到了较多螺类，使其生物量较高，达到 103.4g/m²，但 7 月未采集到软体动物，致其生物量仅为 0.6g/m²。其他两次，均以软体动物为优势，分别为 44.7g/m² 和 68.1g/m²。

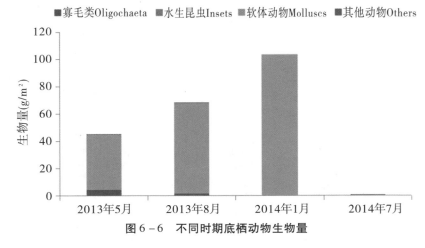

图 6-6　不同时期底栖动物生物量

（4）优势种

表 6-2 列出了邛海不同时期的优势种，及其现存量和所占比例。2013 年 5 月有 5 个优势种，即为霍甫水丝蚓（*Limnodrilus hoffmeisteri*）、多毛管水蚓（*Aulodrilus pluriseta*）、苏氏尾鳃蚓（*Branchiura sowerbyi*）、正颤蚓（*Tubifex tubifex*）和环棱螺属（*Bellamya sp.*），合计占总密度的 88.7%，占总生物量的 90.5%。2013 年 8 月有 7 个优势种，即为霍甫水丝蚓、克拉泊水丝蚓（*L. claparedeianus*）、多毛管水蚓、坦氏泥蚓（*I. templetoni*）、正颤

蚓、环棱螺属（*Bellamya sp.*）和湖球蚬（*S. lacustre*），合计占总密度的79.5%，占总生物量的84.6%；2014年1月和7月采集到的种类较少，优势种趋于单一化，仅有4种，1月的优势种为多毛管水蚓、正颤蚓、异腹鳃摇蚊属（*Einfeldia sp.*）和环棱螺属，合计占总密度的89.8%，占总生物量的100.0%；7月份的优势种为霍甫水丝蚓、克拉泊水丝蚓、苏氏尾鳃蚓和异腹鳃摇蚊属，合计占总密度的80.9%，占总生物量的85.6%。

表6-2 不同时期底栖动物优势种的现存量及所占比例

优势种		2013年5月		2013年8月		2014年1月		2014年7月	
		密度	%	密度	%	密度	%	密度	%
霍甫水丝蚓	密度	749.2	46.6	533.8	42.0			286.5	56.9
	生物量	1.4	23.7	0.9	32.5			0.4	56.0
克拉泊水丝蚓	密度			87.3	6.3			4.4	9.1
	生物量			0.1	1.8			0.02	9.1
多毛管水蚓	密度	408.6	25.0	219.6	13.3	26.1	5.3		
	生物量	2.3	17.1	0.22	9.06	0.02	0.01		
坦氏泥蚓	密度			194.9	10.4				
	生物量			0.16	7.4				
苏氏尾鳃蚓	密度	17.0	1.8					2.9	1.7
	生物量	0.15	8.1					0.04	8.6
正颤蚓	密度	184.1	13.8	45.1	5.3	48.0	9.1		
	生物量	0.3	9.0	0.05	3.6	0.06	9.1		
异腹鳃摇蚊属	密度					4.4	10.9	97.5	13.2
	生物量					0.02	9.1	0.14	11.9
环棱螺属	密度	19.6	1.5	23.3	2.0	33.5	64.5		
	生物量	39.7	32.6	56.7	23.7	103.3	81.79		
湖球蚬	密度			1.5	0.2				
	生物量			0.07	6.54				
合计	密度	1378.5	88.7	1105.5	79.5	112.0	89.8	391.3	80.9
	生物量	43.85	90.5	58.2	84.6	103.4	100.0	0.6	85.6

注：密度单位为 ind./m²，生物量单位为 g/m²

6.2.4　大型水生植物

6.2.4.1　种类组成

2013 年 1 月、4 月、6 月和 11 月水生植物调查结果表明，邛海水陆交错带大型水生植物物种较为丰富，共计 26 种，隶属 15 科，其中包括蕨类植物 1 种，占总种类的 3.84%；单子叶植物 19 种，占 73.08%；双子叶植物 6 种，占 23.08%。按照水生植物的生活型，挺水植物为 10 种，占 38.46%，分属于禾本科、莎草科等 5 科；漂浮植物为 4 种，占 15.38%，分属于浮萍科和满江红科；浮叶植物 3 种，占 11.54%，分属于龙胆科、睡莲科等 3 科；沉水植物 9 种，分属于眼子菜科、茨藻科和水鳖科等 5 科，占 34.62%。

6.2.4.2　生物量及覆盖度

水生植物定量定样采集了 10 个样点，共计采集 44 个样方。1 月各样方生物量介于 104.0 ~ 1320.0g/m² · FW 之间，平均值为 500.6g/m² · FW；4 月各样方生物量介于 108.8 ~ 2189.6g/m² · FW 之间，平均值为 649.1g/m² · FW；6 月各样方生物量介于 148.8 ~ 2629.6g/m² · FW 之间，平均值为 832.8g/m² · FW；11 月各样方生物量介于 6.0 ~ 1816.8g/m² · FW 之间，平均值为 540.8g/m² · FW。在调查到的所有水生植物中，以靠近湖岸分布的黄花荇菜的生物量最大，在 6 月份其最高值可达 2629.6 g/m² · FW，在 1 月份其生物量也可达到 1320.0g/m² · FW。

在 4 次采样中，6 月份的（夏季）单位面积生物量最高，平均值为 832.8g/m² · FW；其次为 4 月份（春季），单位面积生物量平均值为 649.1g/m² · FW；1 月份最低，其值为 500.6g/m² · FW。

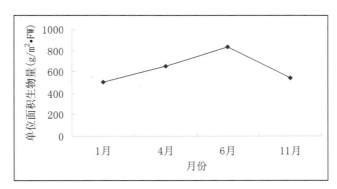

图 6 - 7　水生植物单位面积生物量变化

在所有的 10 个水生植物采样点中，穗状狐尾藻几乎出现于所有的采样点中，说明该植物在邛海中是分布最广的；其次为野菱和黄花荇菜；其他的水生植物仅分布于其中几个采样点，斑块状分布或者零星生长于其他的水生植物之间（详见表 6 - 3）。

邛海水生植物较少，主要分布于湖岸带，其覆盖率约为 1%。分布特征：水生植物分布在水较浅处，最大水深不超过 3m；水生植物主要分布在邛海北面、西面和南面，东面由于地势较陡，砾石较多，底质状况较差，水生植物分布较少；水生植物分布无挺水—浮叶—沉水植物类型的过渡，其分布呈斑块状或者不连续的带状；邛海水生植物以浮叶植物和沉水植物为主，并且这两类植物形成的群落常为单优势种。

表6-3 各种沉水植物在采样点出现的次数

	野菱	黄花荇菜	穗状狐尾藻	苦草	大茨藻	竹叶眼子菜	菹草	金鱼藻	菰	莲	芦苇
东山保育区	√	√	√				√				
海湾宾馆	√		√								√
青龙寺		√	√		√						√
古城湾	√	√	√	√						√	
邛海公园			√	√	√						
海河口	√	√							√		√
官坝河口	√	√	√								
二水厂	√		√			√		√			
小渔村	√		√	√		√					
北部湾	√										√

6.2.4.3 主要的水生植物群落

（1）菰群落

该群落主要分布于湖的北岸、南岸和西岸水较浅的湖湾浅滩中，水深一般为0.3～0.6m。上层优势种为菰，伴生其他水生植物，主要为穗状狐尾藻、萍、满江红等，分布宽度为1～5m。如图6-8所示。

图6-8 菰

（2）芦苇群落

该群落主要分布于湖的北岸、南岸和西岸湖湾中或者水较浅处，呈点状或带状分布，分布水深为0.3～1.5m，湖底一般较为平坦。群落优势种为芦苇，其间零星生长数量不多的其他水生植物且种类较繁杂，如穗状狐尾藻、野菱等，分布宽度为10～30m。如图6-9所示。

图6-9 芦苇

（3）莲群落

该群落主要分布于邛海的南岸和西岸湖湾中，呈带状分布，分布水深为0.5～1.5m，湖底一般较为平坦。群落优势种为莲，其间零星生长数量不多的其他水生植物且种类较繁杂，如穗状狐尾藻、大茨藻、野菱、黄花荇菜等，分布宽度为10～50m。如图6-10所示。

图6-10 莲

（4）野菱群落

该群落在邛海中呈斑块状分布，只分布于南部、北部湖区的湖湾中。其间伴生其他一些沉水植物，如穗状狐尾藻、黄花荇菜等。如图6-11所示。

图6-11　野菱

（5）黄花荇菜群落

本群落植物分布于邛海北部，分布宽度为3~30m，为该湖泊的重要水生植物。该群落优势种为黄花荇菜，且形成的群落盖度几乎为100%，常与其他水生植物伴生，如穗状狐尾藻、野菱等，分布水深为0.5~2.5m。如图6-12所示。

图6-12　黄花荇菜

（6）穗状狐尾藻群落

本群落植物在邛海分布范围较广，除北部湖区外基本沿湖岸分布，常呈带状或斑块状分布，分布宽度为0.5~20m，为该湖泊的重要水生植物，常与其他的水生植物群落镶嵌出现，如竹叶眼子菜、苦草、黄花荇菜等，分布水深为0.5~1.5m。如图6-13所示。

图 6 – 13　穗状狐尾藻

（7）苦草群落

本群落植物主要分布于南部、西部湖区，呈斑块状或带状分布，分布宽度为 5 ~ 20m，为邛海内的重要水生植物，常与其他水生植物伴生，如竹叶眼子菜、穗状狐尾藻等，分布水深为 0.5 ~ 2.0m。如图 6 – 14 所示。

图 6 – 14　苦草

（8）大茨藻群落

本群落植物主要分布于南部、西部和北部湖区，呈斑块状或带状分布，尤其是在夏季，该植物生物量较大，为该湖泊的重要水生植物，常与其他水生植物伴生，如穗状狐尾藻、金鱼藻等，分布水深为 0.5 ~ 1.5m。如图 6 – 15 所示。

图6－15 大茨藻

表6－4 邛海湖滨带大型水生植物调查名录

序号	中文名	拉丁名	科	属	生活型
1	穿叶眼子菜	*Potamogeton perfoliatus*	眼子菜科	眼子菜属	沉水
2	篦齿眼子菜	*Potamogeton pectinatus*	眼子菜科	眼子菜属	沉水
3	竹叶眼子菜	*Potamogeton malaianus*	眼子菜科	眼子菜属	沉水
4	菹草	*Potamogeton crispus*	眼子菜科	眼子菜属	沉水
5	大茨藻	*Najas marina*	茨藻科	茨藻属	沉水
6	穗状狐尾藻	*Myriophyllum spicatum*	小二仙草科	狐尾藻属	沉水
7	黑藻	*Hydrilla verticillata*	水鳖科	黑藻属	沉水
8	金鱼藻	*Ceratophyllum demersum*	金鱼藻科	金鱼藻属	沉水
9	苦草	*Vallisneria natans*	水鳖科	苦草属	沉水
10	黄花荇菜	*Nymphoides peltatum*	龙胆科	荇菜属	浮叶
11	野菱	*Trapa incisa*	菱科	菱属	浮叶
12	凤眼莲	*Eichhornia crassipes*	雨久花科	凤眼莲属	漂浮
13	浮萍	*Lemna minor*	浮萍科	浮萍属	漂浮
14	紫萍	*Spirodela polyrhiza*	浮萍科	紫萍属	漂浮
15	满江红	*Azolla imbricata*	满江红科	满江红属	漂浮
16	睡莲	*Nymphaea tetragona*	睡莲科	睡莲属	浮叶

续　表

序号	中文名	拉丁名	科	属	生活型
17	野慈姑	*Sagittaria trifolia var. trifolia*	泽泻科	慈姑属	挺水
18	莲	*Nelumbo nucifera*	睡莲科	莲属	挺水
19	水葱	*Schoenoplectus tabernaemontani*	莎草科	藨草属	挺水
20	水毛花	*Scirpus triangulatus*	莎草科	藨草属	挺水
21	旱伞草	*Cyperus alternifolius*	莎草科	莎草属	挺水
22	菰	*Zizania latifolia*	禾本科	菰属	挺水
23	芦苇	*Phragmites australis*	禾本科	芦苇属	挺水
24	长芒野稗	*Echinochloa crusgalli var. caudata*	禾本科	稗属	挺水
25	李氏禾	*Leersia hexandra*	禾本科	假稻属	挺水
26	水蓼	*Polygonum hydropiper*	蓼科	蓼属	挺水

6.2.5　鱼　类

长江水系的鱼类沿着金沙江由东向西扩散，到达四川凉山地区，由安宁河进入邛海，初步形成了邛海鱼类区系物种组成的基础。邛海是典型的内流型静水湖泊，过去一些喜急流型的江河鱼类来到邛海后，由于外界环境的改变，急流型水域的丧失，这些鱼类的生存受到了极大的威胁，逐渐在邛海消失，如石爬鲱、纹胸鲱、金沙鲈鲤和白甲鱼等；另外一些适应性较强的鱼类，如鲤、鲫、大口鲇、蒙古红鲌和乌鳢等，能够适应邛海水域的湖泊静水型环境而存活下来；还有一些适应性极强的鱼类进入了邛海这一全新的环境，能够随着食性、生态和地理的差异隔离，在形态学上发生了变化，形成了邛海特有的鱼类种群，如邛海鲤、邛海白鱼和邛海红鲌。邛海记录有土著鱼类 20 种，隶属于 5 目 8 科 20 属，其中还有 20 种外来鱼类。土著鱼中以鲤科鱼类最多，有 11 种，其次是鳅科 3 种，还有鲇科、鲿科、鱼央科、青鳉科、合鳃鱼科和鳢科各 1 种。

表 6 - 5　邛海鱼类名录

中文名	拉丁名
1 鲤形目	Cypriniformes
1.1 鳅科	Cobitidae
1.1.1 条鳅亚科	Nemacheilinae
1.1.1.1 红尾副鳅 * +	*Paracobitis variegates*
1.1.1.2 短尾高原鳅 * −	*Triplophysa brevicauda*

续　表

中文名	拉丁名
1.1.2 花鳅亚科	Cobitinae
1.1.2.1 泥鳅 * + + +	*Misgurus anguillicaudatus*
1.2 鲤科	Cyprinidae
1.2.1 鱼丹亚科	Danioninae
1.2.1.1 宽鳍鱲 * −	*Zacco platypus*
1.2.1.2 马口鱼 * −	*Opsariichthys bidens*
1.2.1.3 中华细鲫 # + +	*Aphyocypris chinensis*
1.2.2 雅罗鱼亚科	Leuciscinae
1.2.2.1 青鱼 # + + +	*Mylopharyngodon piceus*
1.2.2.2 草鱼 # + + +	*Ctenopharyogodon idellus*
1.2.2.3 赤眼鳟 * −	*Sgualiobarbus curriculus*
1.2.3 鲴亚科	Xenocyprinae
1.2.3.1 银鲴 # +	*Xenocypris argentea*
1.2.3.2 圆吻鲴 * +	*Distoechodon tumirostris*
1.2.4 鲢亚科	Hypophehalmichohyinae
1.2.4.1 鳙 # + + +	*Aristichthys nobilis*
1.2.4.2 鲢 # + + +	*Hypophthalmichthys molitrix*
1.2.5 鱊鲏亚科	Acheilognathinae
1.2.5.1 中华鳑鲏 # + + +	*Rhodeus sinensis*
1.2.5.2 高体鳑鲏 # + + +	*Rhodeus ocellatus*
1.2.5.3 兴凯鱊 # + + +	*Acheilognathus chankaensis*
1.2.6 鲌亚科	Cultrinae
1.2.6.1 邛海白鱼 * +	*Anabarilius qionghaiensis*
1.2.6.2 红鳍原鲌 # +	*Cultrichthys erythropterus*
1.2.6.3 邛海红鲌 * +	*Erythroculter qionghaiensis*
1.2.6.4 鳊 # + +	*Parabramis pekinensis*
1.2.6.5 厚颌鲂 # + +	*Megalobrama pellegrini*
1.2.7 鮈亚科	Gobioninae

续　表

中文名	拉丁名
1.2.7.1 麦穗鱼#＋＋＋	*Pseudorasbora parva*
1.2.7.2 棒花鱼#＋＋＋	*Abbottiba rivularis*
1.2.7.3 蛇鉤＊＋	*Saurogobio dabryi*
1.2.8 鲃亚科	Barbinae
1.2.8.1 中华倒刺鲃＊－	*Spinibarbu sinensis*
1.2.8.2 云南光唇鱼#＋	*Acrossocheilus yunnanensis*
1.2.9 鲤亚科	Cyprininae
1.2.9.1 岩原鲤＊＋	*Procypris rabaudi*
1.2.9.2 鲤#＋＋＋	*Cyprinus carpio*
1.2.9.3 邛海鲤＊＋	*Cyprinus qionghaiensis*
1.2.9.4 鲫＊＋＋＋	*Carassius auratus auratus*
2 鲇形目	Siluriformes
2.1 鲇科	Siluridae
2.1.1 大口鲇＊＋＋	*Silurus meridionalis*
2.2 鲿科	Bagridae
2.2.1 粗唇鮠＊－	*Leiocassis crassilabris*
2.2.2 黄颡鱼#＋＋＋	*Pelteobagrus fulvidraco*
2.3 鱼央科	Amblycipitidae
2.3.1 白缘央＊－	*Liobagrus marginatus*
3 鳉形目	Cyprinodontirormes
3.1 青鳉科	Cyprinodontidae
3.1.1 中华青鳉＊＋＋	*Oryzias latipes sinensits*
4 合鳃鱼目	Synbranchiformes
4.1 合鳃鱼科	Synbrachidae
4.1.1 黄鳝＊＋＋	*Monopterus albus*
5 鲈形目	Perciformes
5.1 鰕虎鱼科	Gobiieae
5.1.1 子陵吻鰕虎鱼#＋＋＋	*Ctenogobius giurinus*

续　表

中文名	拉丁名
5.1.2 波氏吻鰕虎鱼# + + +	*Ctenogobius cliffordpopei*
5.2 鳢科	Channidae
5.2.1 乌鳢 * + +	*Channa argus*
6 鲑形目	Salmoniformes
6.1 银鱼科	Salangidae
6.1.1 太湖新银鱼# + + +	*Neosalant taihuensis*

注：＊为土著种；#为外来种；＋＋＋为常见种；＋＋为偶见种；＋为稀有种；－为文献记录种

根据本项目组对于邛海的 6 次野外调查，结合当地渔民的访谈，目前邛海仍然生存有土著鱼类 6 种，分别为邛海鲤（*Cyprinus qionghaiensis*）、鲫鱼（*Carassius auratus auratus*）、邛海白鱼（*Anabarelius qionghaiensis*）、泥鳅（*Misgurnus anguillicaudatus*）、南方大口鲇（*Silurus soldatovi meridionalis*）和黄鳝（*Monopterus albus*）。其中，鲫鱼的数量较多，邛海白鱼和南方大口鲇数量稀少；邛海鲤仅仅偶尔能够捕捞到 1～2 尾，在我们考察及采样过程中，均未发现；泥鳅和黄鳝常被发现于邛海周边的湿地中。

邛海鱼类组成的现状表明：土著鱼类种类少，种群数量小，栖息地范围与外来物种重叠较多，如不尽快加以保护，将有灭绝的危险。此外，邛海水生态系统食物网的组成，由于土著鱼类的缺失，也变得较为简单，对于外界环境变动的抵抗力较弱，水生态系统的健康状况变差。

6.3　鱼类饵料生物的渔产潜力计算

湖泊鱼类的饵料生物可分为浮游植物、浮游动物、底栖动物和水生高等植物 4 大类，饵料生物的（种类和数量）定性和定量，是放养鱼类品种和数量的重要依据，特别是类似邛海放养型湖泊，渔产的品种源主要是由人工引进放养所得，更需要饵料资源的信息支持，给出各类饵料生物的年产量，然后按照下列公式分别估算出邛海各类饵料生物可提供的渔产潜力。

$$F = \frac{m \times (P/B) \times a}{E}$$

F =渔产潜力（kg/km²）；m =生物调查的总生物量（kg/km²）；P/B =主要饵料生物现存量与生物量之比；a =饵料利用率；E =饵料系数。

若需计算年渔产潜力，则需结合湖泊水资源容量（邛海容量以 2.93 亿 m³ 计、面积以 27.408km² 计）与时间跨度（以 1 年计）。

6.3.1　浮游植物渔产潜力

经推算全湖浮游植物总生物量约5030.81t，浮游植物年 P/B 系数为50，被白鲢利用率为20％，饵料系数为40，代入上述公式，求得渔产潜力为1257.70t/a。

6.3.2　浮游动物渔产潜力

根据项目组2013年至2014年的调查数据，邛海有浮游动物42种，其中原生动物16种、轮虫14种、枝角类7种以及桡足类5种。优势种有尖顶砂壳虫（*Difflugia acuminata*）、褐砂壳虫（*Difflugia avellana*）、王氏似铃壳虫（*Tintinnopsis wangi*）和壮伟长吻虫（*Lacrymaria elegans*）等原生动物，无棘螺形龟甲轮虫（*Keratella cochlearis tecta*）、短棘螺形龟甲轮虫（*K. cochlearis micracantha*）、广布多肢轮虫（*Polyarthra vnlgaris*）和暗小异尾轮虫（*Trichocerca pusilla*）等轮虫，僧帽溞［*Daphnia（Daphnia）cucullata*］等枝角类，舌状叶镖水蚤（*Phyllodiaptomus tunguidus*）、刘氏中剑水蚤（*Mesocyclops leuckarti*）和透明温剑水蚤（*Thermocyclops hyalinus*）等桡足类。邛海浮游动物平均生物量约为1.078mg/L，经推算，全湖浮游动物总生物量约为315.85t，浮游动物年 P/B 系数为20，被鱼类利用率为50％，饵料系数为10，依上式求得渔产潜力为315.85t/a。

6.3.3　底栖动物渔产潜力

邛海底栖动物生物量约1731.94t，年 P/B 系数为3，利用率为25％，饵料系数为5，经推算渔产潜力约为259.79t/a。

6.3.4　水生高等植物渔产潜力

经测算，全湖水生高等植物总量约为562.52t/a，沉水植物总量约为297.55t/a，求得渔产潜力为4.13t/a。

然而，考虑到水草在湖泊中一方面担负着净化水质的重任，另一方面它又是许多鱼类产卵的基质和鱼类避敌索食的场所，且水草的兴衰容易受环境变化的影响，故而对水草的利用必须是慎之又慎。

6.3.5　邛海渔产潜力

按照推算的结果，邛海饵料生物的渔产潜力总共在1837.47t/a左右，如去除水草的供饵潜力，则湖泊的渔产潜力为1833.34t/a，大约为2014年总鱼产量的3倍。根据邛海泸山管理局渔政科统计，邛海2013年总鱼产量为598t、2014年总鱼产量为602t；邛海水产公司统计2013年以浮游生物为食的银鱼、鳙、鲢共有452t，鲤、鲫6t，邛海白鱼41t，对照上述渔产潜力推算结果鲤、鲫还有增产的空间，而可供259.79t/a渔产潜力的底栖生物，还未被充分利用。

6.4 渔业资源水声学调查

邛海位于凉山彝族自治州西昌市南面，是四川省境内湖面面积第二大的天然淡水湖，水域面积达 31km²，南北长 8.8km，东西宽 6.1km，距西昌市区仅有 4.5km。从地理位置来看，邛海处于青藏高原横断山系东缘，跨越北纬 27°47′~27°51′，东经 102°16′~102°20′，海拔 1511m。邛海广阔的水域面积能够调节当地的气候、缓解极端天气，还具有提供居民用水、农田灌溉、水产养殖及生态旅游等多种功能，是邛海—螺髻山国家级重点风景名胜旅游区的核心组成部分。同时，该流域动植物资源极其丰富，是我国为数不多的高海拔内陆候鸟栖息地（李海涛等，2009），90% 以上的流域面积被森林覆盖，具有鱼类 40 余种，分别属于 5 目 8 科 20 属，其中土著鱼类就有 20 多种，为我国淡水湖泊中鱼类物种多样性较为集中的区域之一（彭徐，2007）。自 20 世纪中期，邛海鱼类的组成、数量、分布、区系与物种多样性评估，以及外来种入侵等研究就已经开展，相关调查结果也陆续被报道（刘成汉，1964、1988；邓其祥，1985；丁瑞华，1990、1994；彭徐，2007；杨春齐，2010；郑璐，2012；陈开伟，2013）。

基于水声学运用的鱼类资源评估方法是目前鱼类行为、种群动态、资源评估与管理的重要手段（张俊，2010；王崇瑞等，2011）。与传统的鱼类资源量评估方法相比，水声学方法具有快速、成本低、耗时少、覆盖面广、准确度高、提供持续数据、可重复性强和不损害鱼类资源等诸多优点（Elliott & Fletcher，2001；赵宪勇，2006；张俊，2010）。随着计算机技术的迅速发展、水声学探测仪器的改进以及声学数据后处理系统的完善，水声学法将成为海洋、河流、内陆湖泊和水库的渔业资源开发、生产、监测和管理的重要方法之一（Duncan & Kubecka，1994；Gerlotto et al.，1999；Melvin et al.，2003；Moursund et al.，2003；张俊，2010）。谭细畅等（2002）运用水声学评估法，以月为调查周期对武汉东湖的鱼类资源量及空间分布进行了科学的估算，并且根据结果给予了东湖渔业管理部门及时的指导意见。2007 年 4~5 月初，陶江平等（2008）使用 Simrad EK60 回声探测仪调查了三峡水库坝址到丰都市江段鱼类资源总量，并且还对该江段鱼类的空间分布特征进行了描述。2010~2011 年间，中国水产科学研究院淡水渔业研究中心运用美国 Biosonics DT-X（200 kHz）科学回声探测仪对位于贵阳市的红枫湖鱼类资源量和不同区域鱼类的密度进行了评估和差异性分析（牟洪民等，2012）。2011 年，凭借水声学调查方法，位于长江中下游的 3 个水库的鱼类资源得到相对准确的评估（孙明波等，2013）。此外，调查证实北盘江董箐和光照库区的鱼类在不同区域、水层间分布存在显著性差异也是基于水声学的评估结果（莫伟均等，2015）。

近年来，在四川省凉山州邛海泸山风景名胜区管理局的指导下，邛海的水产渔业资源得到了相对合理的开发、利用及保护。但是，针对整个湖区鱼类的资源总量以及空间分布等方面的研究较少，以往的渔业产量也是对邛海水产养殖公司的年销量进行粗略的统计，因而受市场需求的影响显著，数据的准确性较低。本研究基于水声学法评估鱼类资源量与空间分布技术的发展，采用美国 Biosonics DT-X（200 kHz）分裂波束科学回声探测仪，

2013 年 12 月以及 2015 年 9 月分别对邛海整个湖面进行了两次水声学走航式调查。通过鱼类资源总量估算，以及鱼类密度在不同区域、水层间的分布特征对比分析，提供全新的渔业资源评估数据，探讨邛海的鱼类资源分布规律，为开展邛海渔业资源的持续性调查奠定了基础，为邛海水产渔业管理以及生产部门对水资源的旅游开发、引种养殖、生态保护等方面给予了科学性的指导意见。

6.4.1　材料与方法

（1）声学仪器与调查参数

本项研究是运用美国的 Biosonics DT – X 分裂波束科学回声探测仪进行调查评估，换能器工作频率为 200 kHz。该仪器硬件组成主要包括：DT – X 回声探测仪水上工作单元（DT – X Echosounder Surface Unit）；分裂波束换能器（Spilt – Beam Transducer）；数字信号甲板电缆（DT – X Digital Signal Deck Cable）；便携式笔记本电脑（Portable Computer）；换能器固定架（Signal Swivel Transducer Mount – 200 kHz）；差分 GPS 传感器（Differential GPS Sensor）。邛海的水声学调查鱼探仪参数设置如表 6 – 6 所示。

表 6 – 6　Biosonics DT – X 科学回声探测仪主要技术参数设置

技术参数 （Technical Parameters）	参数值 （Settings）
工作频率（Frequency）（kHz）	200 kHz
波束张角（Major Axis Beam Angle）（degrees）	6.8°
脉冲频率（Pulse Times）	4 pps
脉冲持续时间（Pulse Duration）（ms）	0.4 ms
最小阈值（Minimum Threshold）（dB）	– 130 dB
水底峰阈值（Maximum Threshold）（dB）	– 30 dB
时变增益（Time Varied Gain）	40 lgR
声源级（Sound Source Level）	222.5 dB
声速（Sound Speed）（m/s）	1446.605 m/s

（2）调查时间与航线

水声学图像数据的采集在 2013 年 12 月 4 日和 2015 年 9 月 20 日，使用邛海水产有限公司调查船（80 马力）分别进行"之"字形走航式调查两次，将换能器用标准配置铁架固定于船舷，采用探头垂直向下探测，入水约 0.5m，航速控制在 5km/h 左右，同时采用 Garmin Oregon 450 GPS 导航，走航区域和路线如图 6 – 16 所示，共 4 个调查断面，包括：月亮湾—青龙寺、青龙寺—邛海湾、邛海湾—邛海渔场（邛海场）、邛海湾—月亮湾，单次走航约为 20km，符合 Aglen（1983）提出的水声学调查覆盖率超过 6 以上的评估标准。

利用 Panasonic Tough Book 3.0 便携式笔记本电脑预装的 Biosonics Acquision 6.0 软件进行声学数据的记录采集。根据国际水声学仪器校准方法（Foote et al，1987a；Duncan & Kubecka，1993、1994；赵宪勇等，2003），数据采集调查前，均使用 36mm 的碳化钨标准球对仪器进行实地校准。

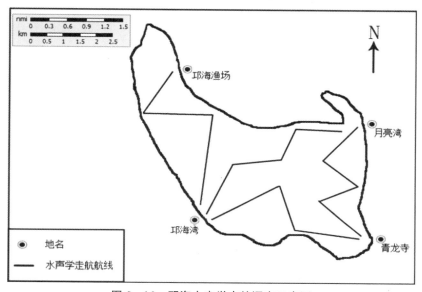

图 6 - 16　邛海水声学走航调查示意图

（3）生物样本采集

2013 年 12 月水声学走航调查期间，采用三层刺网（网长度约为 200m；网目大小分别为 20cm、8cm、4cm）和地笼（长 10m、宽 0.5m、高 0.5m；网目大小为 0.1cm）分别在邛海声学走航的 4 个调查断面进行随机取样调查，每个调查断面采样两次。12 小时后收集网具，将标本保存到 10% 的甲醛溶液中带回实验室鉴定分析。对渔获物标本进行分类、计数，统计记录各种鱼的体长（SL，精确到 0.1cm）、体重（BW，精确到 0.1g）等生物学数据。为了避免自身网具调查的不足，全面地反映邛海鱼类物种组成，水声学调查期间我们还对湖岸周边早市的鱼类进行走访调查，以及对邛海水产有限公司的捕捞渔获物进行种类鉴定和数据整理。

（4）数据分析与整理

采集记录的水声学数据使用澳大利亚 Myriax 公司的软件 Echoview 5.0 进行处理分析。基于历史文献（Higginbottom，2008；Zhang et al，2013）以及本次调查回声积分图检测，排除换能器水平面以下 1m 和探测底线以上 0.5m 的回声信号积分盲区或干扰区域，以 300 个 Ping 为垂直间隔和 5m 为水平分层组成一个分析单元，将回声影像图分成多个分类计数单元单体，回声识别参数设置：回波阈值（Echo Threshold）－60 dB，时变增益（TVG）40 lgR。

邛海鱼类密度与资源量的计算采用回声强度积分法（王靖等，2010），回声信号均来自于目标鱼体的散射，也就是说回声强度积分值与该调查水域的鱼类密度是呈线性相关的。依据某一扫描水域内由同一个脉冲信号产生的所有回波信号强度值的累加以及鱼群中所有个体的散射截面面积，获得该空间水体的鱼类总数，取其平均体积大小计算出固定水体的平均鱼类密度（Simmonds，2005）。根据上述分析方法鱼类密度就可由公式（1）推算得出（Vc，1995）：

$$\rho v = SA/ < \sigma bs > \tag{1}$$

公式（1）中，ρv 表示鱼类的面积密度值，单位为：ind. /n mile^2；SA 代表回声强度的积分值，也称之为面积反向散射系数（Area backscattering coefficient），单位为：m^2/n mile^2；σbs 是目标鱼类的平均横截面积，单位为：m^2。参照 Chen（2009）对青海湖中青海湖裸鲤的不同水层分析方法，将邛海整个调查湖区分为上（1 ~ 7m）、中（7 ~ 13m）、下（13 ~ 19m）三个水层，分别计算出各水层的平均鱼类密度值。

鱼体体长依据 Foote（1987b）提出的鲤科鱼类目标强度（Target Strength，TS）与体长（SL）经验公式（TS - L）推算得出：

$$TS = 20\lg L - 67. 5 \tag{2}$$

公式（2）中，TS 为鱼体的目标强度值，单位为：dB；L 表示目标鱼类的平均体长，单位：cm；常数通过实体鱼水声学探测实验测定。

邛海上、中、下各水层的鱼类密度分布采用单因素方差分析方法（余建英、何旭宏，2003）进行密度差异显著性检验。不同水层间的密度显著性差异比较等级采用最小显著差法（LSD）和 q 检验，显著性水平 α 默认值为 0.05。所有的统计分析数据在 IBM SPSS 公司的统计软件包 SPSS 19.0 中完成。不同调查断面内鱼类种群分布类型依据孙儒泳（1987）的划分标准，计算出各断面或区域的鱼类密度变异系数值 v（方差/平均值，S^2/m）。当 v 等于 0 时，表示该鱼类种群属于均匀分布；当 v 等于 1 时，属于随机分布；当 v 大于 1 时，属于成群分布。

6. 4. 2　结　果

（1）渔获物组成

走航式水声学调查结束后，将本次调查所收集到的渔获物进行分类鉴定及数据的统计分析。渔获物取样结果共采集到鱼类 13 种 386 尾，根据其在邛海主要渔业资源捕捞量的多少依次为：鲢（*Hypophthalmichthys molitrix*）、鳙（*Hypophthalmichthys nobilis*）、鲫（*Carassius auratus auratus*）、鲤（*Cyprinus carpio*）、鳘（*Hemiculter leucisculus*）、红鳍原鲌（*Cultrichthys erythropterus*）、草鱼（*Ctenopharyngodon idella*）、黄颡鱼（*Pelteobagrus fulvidraco*）、青鱼（*Mylopharyngodon piceus*）、棒花鱼（*Abbotina rivularis*）、麦穗鱼（*Pseudorasbora parva*）、兴凯鱊（*Acheilognathus chankaensis*）、高体鳑鲏（*Rhodeus ocellatus*）。其中鲢、鳙、鲫和鲤为渔获物的主要组成成分，占渔获物资源总量的 85% 以上，是邛海渔业资源捕捞的主要经济鱼类；棒花鱼、麦穗鱼、兴凯鱊和高体鳑鲏 4 种在渔获物数量组成比例中接近50%，但均为小型鱼类，所占渔获物资源总量不足 1%。并测量了所有渔获物的主要生物学数据，其中体长（Body Length，BL）范围为 3.5 ~ 45.2cm，平均体长为 15.7cm；体重（Body Weight，BW）范围为 2.3 ~ 3170.8g，平均体重为 216.4g。

（2）目标强度与体长大小分布

通过对两次水声学调查回声影像图数据的统计分析，结合 Foote（1987b）提出的 TS
−L 经验公式，推算得出目标强度值与体长大小之间的对应关系，以及此类体长大小（目
标强度值）鱼群在邛海渔业资源组成中所占的比例（表 6−7）。正如图 6−17 所示，
2013、2015 年邛海鱼类资源组成中，体长较小鱼类数量显著，目标强度值介于−60 ～−
45dB（体长为 2.4 ~13.3cm）的鱼类分别占所有鱼类组成的 78.6% 和 73.3%。总体来看，
邛海两次声学调查鱼类资源体长大小分布不均匀且非正态分布；随着目标强度值的增加，
其在鱼类资源组成中的比例逐渐减少；小型鱼体占有绝对优势，中大型鱼体较少，特大型
鱼体极其稀少。不同的是，2013 年走航调查在邛海鱼类资源组成中占有较大比例的是体长
介于 2.4 ~7.5cm，为 59.9%；2015 年是在 4.2 ~13.3cm 之间，占 56.3%。相比体长在
13.3cm 以上（中大型鱼类）的鱼类，2015 年（26.4%）调查结果高于 2013 年
（21.4%）。

表 6−7 邛海鱼类目标强度值与体长的对应关系及其百分比大小

目标强度 TS（dB）		−60 ～−55	−55 ～−50	−50 ～−45	−45 ～−40	−40 ～−35	−35 ～−30	−30 ～−25
体长 SL（cm）		2.4 ~4.2	4.2 ~7.5	7.5 ~13.3	13.3 ~23.7	23.7 ~42.2	42.2 ~75	75 ~133.4
百分比（%）Percentage	2013 年	33.8	26.1	18.7	14.2	5.4	1.5	0.3
	2015 年	17	30.7	25.6	17.3	7.6	1.6	0.2

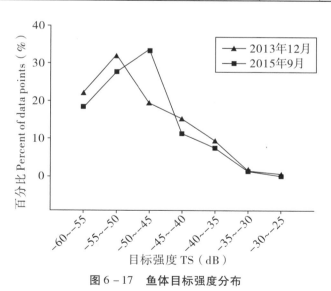

图 6−17 鱼体目标强度分布

（3）鱼类密度与资源量

2013、2015 年两次鱼类水声学走航航程相对于邛海实际水面面积均达到了 Aglen
（1983）提出的调查覆盖率要求。数据分析过程中，除去了水体较浅、水草覆盖较多等回
声影像图之后，进行区域和积分单元格创建，分别导出邛海湖区鱼类的回声积分值、最大

目标强度、平均目标强度和最小目标强度（如表6-8）。依据上述鱼类密度计算公式，结合两次调查时邛海水体的水域面积、平均水深，可计算得到：2013年邛海湖区鱼类平均密度分别为0.1483±0.0715ind./m³，密度最大值为0.2519ind./m³，位于月亮湾—青龙寺调查断面，密度最小值为0.0474ind./m³，分布于邛海湾—邛海场调查断面；2015年调查鱼类平均密度为0.1051±0.0279ind./m³，青龙寺—邛海湾调查断面为密度最大值分布区，为0.1795ind./m³，密度最小值为0.0304ind./m³，分布断面与上次调查一致。根据两次调查的鱼类密度，估算出2013和2015年邛海湖区鱼类资源量分别为：4.67×10^7ind.、2.9×10^7ind.。邛海鱼类资源体长大小组成主要为2.4~7.5cm（2013年，59.9%）和4.2~13.3cm（2015年，56.3%），其相应体长鱼类资源量为2.79×10^7ind.（2013年）、1.63×10^7ind.（2015年）；2013年、2015年体长在13.3cm以上的鱼类资源量分别为9.9×10^6ind.和7.6×10^6ind.。

表6-8　2013、2015年邛海鱼类回声积分值与目标强度分布

年份	积分值	最大目标强度（dB）	平均目标强度（dB）	最小目标强度（dB）	平均水深（m）
2013	11563.5	−25.71	−44.76±19.65	−59.84	10.5
2015	14969.2	−26.09	−41.53±10.26	−56.17	9.2

（4）水平分布

邛海鱼类资源密度的水平分布以月亮湾—青龙寺、青龙寺—邛海湾、邛海湾—邛海场、邛海湾—月亮湾4个调查断面为分析单元，分别计算出各水平调查分析单元2013年和2015年的鱼类平均密度值（如图6-18）。根据评估结果，两次调查邛海鱼类资源水平分布均主要集中于月亮湾—青龙寺和青龙寺—邛海湾，并且这两个调查断面差别较小，但均显著高于其余调查断面；两次声学调查水平密度分布最小值均出现于邛海湾—邛海场评估断面。另外，2013年邛海鱼类资源密度水平分布最高区域为月亮湾—青龙寺，而2015年却是青龙寺—邛海湾评估断面。

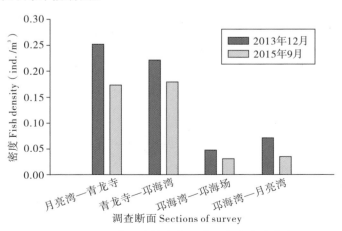

图6-18　邛海4个调查断面水平鱼类密度分布

（5）垂直分布

依据水声学仪器探测分析结果，2013 年、2015 年邛海调查水域内最大水深分别为 19.1m 和 17.8m。评估水域上、中、下三个水层的平均鱼类密度值差异性检验结果如表 6 – 9 所示。2013 年、2015 年邛海鱼类垂直水层分布不均匀，上层和中层密度值较高，底层鱼类分布显著低于以上两水层（$P < 0.05$）。但不同调查年份鱼类垂直分布仍存在一定差异，2013 年上层鱼类密度值高于中下水层，且自上而下鱼类密度分布逐级减小；而 2015 年上水层鱼类密度值略低于中水层，且中上水层分布密度值均极显著高于底层鱼类分布（$P < 0.01$）。

表 6 – 9　2013、2015 年邛海垂直鱼类密度方差检验

年份	上层与中层	上层与下层	中层与下层
2013	$F = 1.294$	$F = 16.907$	$F = 6.403$
	$P = 0.931$	$P = 0.000$	$P = 0.007$
2015	$F = 0.906$	$F = 9.627$	$F = 4.365$
	$P = 0.415$	$P = 0.001$	$P = 0.000$

注：F：检验统计量；P：相伴概率

6.4.3　讨　论

（1）鱼类组成特点

根据文献资料记载，邛海所记录到的 40 种鱼类中，土著鱼类有 20 种，外来鱼类有 20 种，土著鱼类主要以鲤科鱼类为主（11 种），其次为鳅科（3 种），其余为单科单种（彭徐，2007）。本次评估调查实际采集到邛海湖体鱼类共 11 种，其中外来种鱼类占据了渔获物组成的优势地位。结合走访调查结果，邛海鲤（*Cyprinus qionghaiensis*）、邛海白鱼（*Anabarilius qionghaiensis*）、邛海红鲌（*Erythroculter qionghaiensis*）等邛海特有鱼类已经绝迹，西昌白鱼（*Anabarilius liui*）、中华倒刺鲃（*Spinibarbu sinensis*）、圆吻鲴（*Distoechodon tumirostris*）、大口鲇（*Silurus meridionalis*）、中华青鳉（*Oryzias latipes sinensis*）等土著鱼类数量极少。目前，太湖新银鱼（*Neosalant taihuensis*）、鲢、鳙、鲫、鲤、鳌、红鳍原鲌、草鱼、黄颡鱼以及棒花鱼等小型鱼类是邛海湖主要的鱼类组成。鱼类作为邛海湖高级消费者的存在，其物种组成的彻底性改变将会对湖体原有的水生态系统产生较大的影响。

（2）鱼类空间分布特征探讨

水声学调查结果显示，邛海鱼类主要分布于月亮湾—青龙寺、青龙寺—邛海湾两个调查断面，邛海湾—邛海场和邛海湾—月亮湾调查断面鱼类密度值显著低于前者。不同的是，2013 年 4 个水平调查断面除邛海湾—邛海场以外鱼类密度值逐段下降；2015 年邛海 4 个调查断面鱼类密度值均低于 2013 年，青龙寺—邛海湾监测断面略高于月亮湾—青龙寺。基于历史文献与实地调查，初步认为邛海鱼类水平分布具有较大差异性主要是人为因素引起的。月亮湾—青龙寺、青龙寺—邛海湾调查断面主要位于邛海的东侧，为邛海国家级风景名胜区封闭管理区域，紧邻山体无农业生产活动，并且该区域水面宽广，水深较深，这无疑是鱼类繁衍生息、躲避敌害的避难所。邛海湾—邛海场和邛海湾—月亮湾调查断面处于邛海的西侧、北侧，沿岸分布有海南乡、马道镇、高枧乡和川兴镇4个乡镇的多个自然村落，西北侧紧接西昌市区，人类休闲娱乐及农业生产活动对湖区水体和鱼类影响较大。以上影响湖泊或水库等静水水体中鱼类密度区域性分布差异的因素分析，在贵州红枫湖（牟洪民等，2012）、北盘江董箐与光照库区（莫伟均等，2015）和北京密云水库（曲疆奇等，2015）水声学评估鱼类水平分布原因探讨中得到了有力的验证。此外，调查水体的区域性水质差异、水深、离岸距离、水生植物、饵料资源、航船运行等也是引起区域性鱼类密度产生显著性差异的主要因素（Bain et al.，1988；Tameishi et al.，1996；邓思明等，1997；谭细畅等，2002；谢意军等，2016）。

　　整体来看，2013年、2015年邛海4个调查断面及不同水层间鱼类种群分布均趋于成群分布（$v > 1$）。调查结果指示邛海鱼类垂直（上、中、下水层）分布均有差异，主要体现为鱼类集中分布于水体的中上层，而且极显著性（$P < 0.01$）高于底层鱼类分布密度值。研究表明（倪勇，2005；李林春等，2007），鲢、鳙在水体中上层垂直尺度上索食活动较为活跃，以及数量较多的麦穗鱼等小型外来种鱼类大多分布于水体表层，这可能是引起邛海鱼类垂直水层分布不均匀的主要原因。孙明波等（2015）运用水声学法调查评估了天目湖鱼类的空间分布特征，认为该湖泊不同垂直水层间存在的典型温跃层现象（张运林等，2004）是导致其鱼类空间分布不均匀的主要因素。这一观点与Drastik（2009）在温泉水体中鱼类空间分布特征分析一致。调查期间渔船的活动、水体溶氧高低、季节差异，以及不同水层间光线强弱等等也会引起鱼类垂直分布差异（Tameishi et al.，1996；Mowbray，2002；任玉芹等，2012）。从调查渔获物来看，鲢、鳙、红鳍原鲌、鲨、鲤、鲫，以及具有较大数量分布的棒花鱼、麦穗鱼、高体鳑鲏等小型外来鱼类是邛海渔业资源的主要组成部分。王珂等（2009）基于水声学法对三峡库区大宁河鱼类的空间分布特征调查研究，发现库区鱼类成群分布主要是由于鲢、鳙、鲨等聚群行为造成的，并且在秋冬季节成群分布尤为显著。

　　此项调查研究是首次将水声学法运用到邛海的鱼类资源调查评估和空间分布探讨之中，经过2013、2015年两次走航回声影像图数据的采集与分析，力求通过这一先进的调查评估手段弥补传统的网具捕捞评估方法的不足。调查相关结果及讨论分析也可以为渔政管理部门在邛海土著鱼类保护以及渔业资源合理开发和利用上提供建议，并且为邛海泸山风景名胜区管理局制定相关邛海鱼类资源保护条例方面具有一定参考意义。此外，鱼类是邛海水生态系统的重要组成部分，通过食物网将进入水体的外源性营养物质吸收转化，并随渔业捕捞移出邛海水体，实现邛海水质的净化。邛海渔业生产的过程就是其水生态系统中营养物质自然流转和水体生态净化的过程，调查评估邛海渔业资源的总量，也可以作为定量分析邛海水质净化能力的重要指标。为了使邛海鱼类资源量评估结果更加准确，鱼类空间分布特征探讨更有说服力，在今后的研究中应结合其他资源量评估方法以及加强时空分布特征与邛海水文因子的相关性论证分析。

6.5 渔业最佳持续捕获量评估

一般来说，在渔业资源有限的约束下，随着捕捞努力量即渔船数量或渔船总功率的增加，最终会导致渔业资源数量减少或质量下降。单位努力捕获量（CPUE）指标是指示渔业资源数量减少的重要指标。实践表明，在渔业资源总体数量减少之前，早已出现资源质量下降问题，单位努力捕获量下降是渔业资源总体退化的重要标志。

经济过度捕捞，又称生长过度捕捞，是指适当的过度捕捞后仍允许鱼类在捕捞压力降低后迅速恢复。生长过度捕捞，又称补充过度捕捞，是指对体型较大且生殖能力最大的鱼群的过度捕捞（人类造成的死亡率）足以让其改变种群的生殖力或种群与其他潜在资源竞争者之间的相互作用，而且还以某种方式改变生态系统的能量流动和食物网结构，这种过度捕捞现象在世界范围内越来越普遍，并导致鱼群的崩溃以及渔业经济损失，它同时还对鱼群的恢复和管理产生完全不可预测的结果。

种群大小的预测可以通过标记重捕实验、超声波定位技术、游钓量调查或其他方法获得。根据种群的逻辑斯蒂生长曲线，当种群数量为 K/2 时，种群增长速率最快，最大持续捕获量又称最大持续产量（maximum sustainable yield，MSY，$kg \cdot ha^{-1} \cdot a^{-1}$），该捕获量通常为 K/2。然而，最大持续捕获量的评估通常是以有限且存在很大不确定性的数据为基础，所以该值常被高估，从而导致不可持续捕捞并使接下来的种群恢复更加困难。为了降低这种风险，Caddy 与 Regier（2000）建议采用最佳持续捕获量（optimal sustainable yield）来进行渔业管理，这个数值比最大持续捕获量的值低 10%~20%。若以渔产潜力近似为邛海鱼类的环境容纳量，则邛海最大持续捕获量约为 918.735t/a，最佳持续捕获量为 734.99~826.86t/a。

7 邛海渔业发展面临的形势、机遇与挑战

7.1 发展形势

渔业是西昌市大农业的一个重要组成部分。2010 年，西昌市水产养殖面积 50130 亩，水产品总产量 1.339 万吨，渔业行业总产值 2.138 亿元。全市人均水产品占有量达 21.5 千克，居全省第一位，农业人均渔业收入 508 元。2011 年，西昌市水产养殖面积 47500 亩，水产品总产 1.16 万吨。水产业的快速发展，基本解决了西昌市民"吃鱼难"问题，丰富了广大市民的菜篮子，同时，水产业（渔业）在调整农村产业结构、保供给、扩就业、促增收、促进生态平衡和旅游业发展等方面做出了积极贡献。邛海渔业在西昌市渔业生产中占有重要地位。然而，西昌市池塘养殖面积占全市水产养殖面积的 20%，池塘鱼产量却占全市水产品总量的 80%。

《西昌市"十二五"渔业规划》指出："十二五"期间，西昌渔业发展处于困难时期，重点是稳定水产品总量和提高水产品质量。基于邛海生态渔业发展实际，本研究认为可通过五至十年的生态渔业发展，使邛海渔业 GDP 上升占西昌市农业 GDP 的 30%，水产品养殖年总产值 0.5 亿元，加工业年总产值 3 亿元，流通业年总产值 2 亿元，休闲渔业年总产值 2 亿元。年产繁育鱼种 40 亿尾以上，良种覆盖率达到 95% 以上，农（渔）民人均渔业纯收入年增长 8%。建设土著鱼类人工增殖站 1 个、土著鱼类人工放流暂养场 1 个，水产品物流与批发市场 1~2 个，培育国家级涉渔龙头企业 1 个，省级涉渔龙头企业 3 个。

7.1.1 生态渔业的概念与我国生态渔业的发展

（1）生态渔业的概念

生态渔业是根据生态学和经济学的原理并运用系统工程法，在总结传统养殖生产实践经验的基础上建立起来的一种多层次、多结构、多功能的综合养殖技术的生产模式。生态渔业使养殖的水生生物与其周围的环境因子进行物质良性循环和能量转换，使之达到资源配置的合理性和经济上的高效性，鱼、畜、禽、瓜、果、菜和水稻相得益彰，它是无污染的高效渔业。

（2）我国生态渔业的发展

我国是世界上发展生态渔业最早的国家之一。两千多年前春秋战国末期，范蠡撰写的

《养鱼经》中就论及鱼鳖混养的原理。一千多年前，广东珠江三角洲和江苏太湖流域一带出现的桑基鱼塘，历来被誉为生态农业的典型模式。但是，以前的生态养鱼，主要凭借人们的实践经验来适应渔业的再生产，属传统的生态渔业。1949 年以后的较长时期，因受"重捕轻养"的思想影响，致使生态渔业发展缓慢，直到党的十一届三中全会以后，在一些淡水渔区才推广了综合养鱼技术并取得成效。1989 年 11 月召开全国水产工作会议时，明确提出"我国水产养殖要持续发展，要保持较好的比较效益，必须大力推广鱼畜禽、种养加配套的生态养殖方式"。于是，广大渔民和水产科技人员结合在一起，在总结我国传统的渔农牧结合的生产经验基础上，创造性地把养鱼业、种植业、畜牧业、加工业、环保业等行业结合起来，形成多种水陆结合的多元化的生态养殖模式，逐步推广到各地。现在，不论在平原或山区、南方或北方、沿海或边疆，生态养殖模式已十分普及。实践证明，我国水产养殖业的飞跃发展是同大力发展生态渔业分不开的。

7.1.2　我国生态渔业的类型和模式

随着渔业生产的专业化、商品化、社会化的程度不断提高，生态渔业生产的类型和模式也变得更为复杂多样。较为常见的和比较成熟的类型和模式如下。

①渔—农综合经营型。主要有：鱼—草、鱼—桑、鱼—蔗、鱼—菜、鱼—稻、鱼—林、鱼—果等。其中鱼—稻型推广较为普遍。

②渔—牧综合经营型。渔—牧综合经营型是指养鱼和畜牧饲养结合起来，也可称为鱼—畜、禽类型。目前，与养鱼结合的畜禽有猪、牛、鸭、鹅、鸡等。而鱼—猪、鱼—鸭、鱼—鹅类型比较普遍。

③渔—农—牧多元综合经营型。这种多元化结合的综合经营型，使水陆资源得到更加充分利用，系统中的物质循环和能量流动更趋完善合理，并使生态经济效益提高到更高水平。该类型的主要形式有鱼、牛、猪、鸭、草、禽模式，或者是鱼、猪、粮、草、禽模式等。

④渔—牧—工—商综合经营型。这种类型把养殖、捕捞、加工、畜牧、销售形成一条龙，使综合经营达到更高形式，大大提高综合生产力，从而提高整体的渔业生态经济效益。

7.1.3　建成四川省重要的生态养殖与加工基地

生态养殖是利用自然界物质循环系统，在一定的养殖空间和区域内，通过相应的生态技术和管理措施，使不同生物在同一环境中共同生长，改善养殖水质和生态环境，按照特定的养殖模式进行增殖、养殖，湖泊放养不投饵，也不施肥、洒药，目标是生产出无公害绿色食品和有机食品，并实现保持生态平衡、提高养殖效益的一种养殖方式。生态养殖的产品因其品质高、口感好而备受广大消费者欢迎，产品供不应求，生态养殖的发展势必带动下游的水产品加工的发展。

四川省天然湖泊虽有 1000 余个，但水域面积多不大，除邛海、马湖（海拔 1100m，面积 7km^2）、新路海（海拔 4118m，面积 2.4km^2）以及与云南省共有的泸沽湖（海拔

2700m，总面积72km^2，四川境内27km^2）外，其他湖泊面积一般都在1km^{2}以下，难以形成具较大社会经济效益的规模化生态渔业。此外，泸沽湖、新路海地处相对高海拔地区，可发展渔业的鱼类种类相对较少，且产量相对较低。因此，发展邛海生态渔业的养殖具有一定区位优势，具有建成四川省重要的生态养殖与加工基地的自然基础。

需以提升渔业综合竞争力、渔民增收为核心，优化养殖结构，发展具有地方特色的优势养殖品种，培育发展生态型养殖基地；加快发展水产品精深加工业，建设一批水产品加工基地，以加工业拉动和提升养殖业，增强渔业市场竞争力。

7.1.4 建成四川省科工贸渔业深度合作示范区

有效实现科技研发、工商业生产与贸易营销是激发生态渔业社会经济效益的主要实现途径。目前，四川省尚未建立真正的科工贸渔业深度合作示范区，充分利用邛海渔业的区位优势，促成西昌邛海水产有限公司与相关科技研发机构的强强联合，可填补本省科工贸渔业深度合作示范区的空白，亦有利于邛海生态渔业的良性发展并充分发挥出经济社会效益。一方面，邛海生态渔业的发展，需要涉渔科技研发、工商业化生产与贸易营销的支撑；另一方面，邛海生态渔业的发展，势必带动涉渔科技研发、工商业化生产与贸易营销水平的提高。

需有效集成涉渔科技研发、工商业生产与贸易营销综合目标，实现三者并重、强化渔科技与市场紧密结合，使科技进步成为渔业增长与生态环境保护的主要因素、广大渔业劳动者与生态环境保护实践者科技素养显著提高，使工商业化生产成为渔业增长的基本保障，使贸易营销成为渔业增长的带动因素与经济社会效益实现途径，并有效反馈于邛海生态环境保护。

7.1.5 建成四川省有影响力的生态渔业创新基地

发展生态渔业可充分利用邛海资源、循环利用废弃物、节约能源、提高综合生态效益，实现渔业的可持续发展，是建设资源节约型、环境友好型渔业的有效途径，是发展农村循环经济的重要组成部分，也是现代渔业的发展方向。

需强化渔业管理机制创新，加强生态渔业基础研究、前沿技术研究，提高生态渔业科技发展、自主创新能力。加强生态渔业应用技术推广，促进生态渔业科技成果转化，发展相关高新技术产业。加强技术培训与人才培养，力争建成四川省生态渔业科技研发中心、人才教育培训中心、高新技术产业转化基地，为生态渔业发展提供强大的技术和人才支撑。

7.1.6 建成四川省独具特色的都市渔业基地

休闲渔业（水族渔业）是渔业三产中的趋势性产业之一，休闲渔业、水族渔业是调节、丰富和充实人们精神、文化生活的一项新兴产业；休闲渔业正成为城市居民旅游休闲的理想选择，水族渔业的发展逐渐成为我国现代家庭消费的新时尚。发达国家游钓渔业非常时尚，如美国游钓人口占其总人口的20%以上。随着生活水平的提高，我国城郊休闲渔业和观赏渔业发展迅速。然而，邛海休闲渔业对渔业经济总量和渔业增加值的贡献均较低，且邛海休闲渔业发展仍有较大空间。着力开发建设观光休闲渔业带，使渔业资源开发与保护生态环境得到有机地统一，一个集渔业生产、观光旅游、餐饮娱乐为一体的观光休闲生态渔业基地可基本形成，并可发展成为邛海旅游的一个新亮点。因此，利用市民消费观念转变与当地旅游优势，大力发展并建设基于邛海生态渔业的都市休闲渔业基地显得十分必要与重要。

需转变渔业发展方式，推动渔业发展由传统渔业向现代渔业转变，注重发展多元化都市型生产渔业、休闲渔业、物流渔业、服务管理与科教渔业，加速传统渔业向都市渔业转型升级。围绕城市和水上风景区，发展休闲垂钓、观光旅游、展示教育、观赏渔业等多种形式的都市型休闲渔业基地和休闲渔业示范区。

7.2　机遇和挑战

7.2.1　机　遇

（1）邛海优良的自然禀赋是发展生态渔业的基础保障

邛海流域自然环境适宜，水量充沛、水质良好、饵料生物丰富，是发展生态渔业的有利条件。湖泊鱼类的饵料生物可分为浮游植物、浮游动物、底栖动物和水生高等植物四大类，邛海生物饵料资源丰富（如"渔产潜力"部分所述）。此外，相比西南地区其他湖泊如重污染的滇池、具有砷污染生态风险的阳宗海等，邛海目前水质为Ⅱ至Ⅲ类，具有一定的发展生态渔业的环境优势，亦可通过发展生态渔业促进水环境质量的有效改善。

（2）西昌具有地理与人文优势，是发展邛海生态渔业及其相关产业的有利条件

邛海位于西昌市城东南约5km，西昌是凉山州的首府，攀西资源综合开发和川滇结合部的核心地带，是州、市的政治、经济、文化和交通中心，是连接成都、乐山、峨眉、攀枝花、昭通、丽江、大理、昆明等地的枢纽和中转站，是我国西南部联系东盟自贸区的关键节点。"十一五"期间，西昌市经济实力显著增强、城市品牌日益突出、生态环境质量不断改善、社会事业全面发展、区域合作不断加强，拥有中国航天城、风景旅游城市、四川省历史文化名城等品牌效应，加之西昌市资源禀赋得天独厚、区位优势显著提升、投资环境不断改善，这为邛海生态渔业的发展提供了有利的社会经济条件，亦为发展水产品加工、服务保障、集散物流与休闲渔业的发展创造了有利条件。

（3）邛海湖滨带湿地建设改善了水环境质量，增加了鱼类栖息地面积

邛海湖滨带共规划恢复建设六期湿地。邛海湿地一期（观鸟岛湿地）和二期（梦里水乡湿地）位于邛海西北岸，由湿地水上景观带和湖岸湿地生态防护景观带两部分组成，湿地内有81个人工岛屿，有别致的景观小品、亭阁、文化长廊、小桥流水，展示出自然和人文景观的巧妙融合。2012年9月底，湿地三期工程"烟雨鹭洲湿地"和四期工程"西波鹤影湿地"竣工开园。"烟雨鹭洲湿地"总占地面积3530亩，其中水域湿地面积

947 亩，陆域湿地面积 2583 亩，将城市与邛海的距离缩短至 1km，是罕见的城中次生湿地。位于邛海西岸的"西波鹤影湿地"占地 1750 亩，沿湖岸线近 3.5km。位于邛海东北部沿岸带和南部沿岸带的五、六期湿地共占地 12840 亩。邛海湖滨带的恢复和重建，不仅增加了鱼类栖息地的范围，也使得部分湖滨带湿地成为适宜鱼类产卵、索饵和躲避被捕食的场所。

邛海湖滨带湿地建设按照"自然、生态、和谐"理念，坚持植物本地化，自然景观和人文景观有机结合，注重提升景区文化内涵，实施退塘还湖、退田还湖、退房还湖"三退三还"工程，对浅滩清淤疏浚，扩大邛海水域面积，通过邛海六期湿地的建设，邛海水域面积已从 27km^2 增加至 34km^2。实施生物多样性恢复工程，构建自然生态立体景观和天然生态屏障，成为中国最大的城市湿地。随着邛海环湖湿地的贯通，湖体面积不断扩大，湖泊生境异质性增加，成为鱼类资源不断壮大的有利条件。

（4）旅游业迅猛发展将推动邛海生态渔业跨越发展

随着西昌市以邛海泸山 4A 级景区为龙头、生态休闲度假为特色的多层次、高品位、复合型区域旅游产业的发展，"一座春天栖息的城市"品牌深入人心，邛海成为四川省内乃至全国各地游客的理想旅游度假地。景区推出了中国西昌民族风情生态旅游长廊、湖滨养生休闲度假之旅、古镇文化休闲之旅、生态农业观光之旅 4 条精品乡村游线路。同时开展了四大板块活动：冬春阳光之旅、阳春踏青之旅、火把节民族风情假日之旅、彝族年风情美食之旅。2013 年，西昌游客人数突破 1800 万人次，实现旅游收入 105.21 亿元。

（5）邛海流域水污染治理不断深入确保了渔产品品质不断提升

2006 年以来，西昌市投入巨资，积极改善环境基础设施，开展了以水源保护、工业废水治理和邛海、三河治理为重点的碧水工程，并先后建立了邛海污水处理厂和小庙污水处理厂，极大提升了西昌处理污水的能力。

西昌还实施了邛海水体保护工程，建设水域重点保护区，禁止新建、扩建对水体有污染危害的建设项目，严格控制开展水上活动，彻底整治并永久停运邛海非法运营船只。实施邛海截污工程，建成邛海 1 万 t 污水处理厂，一级截污干管 7.5km、二级截污管网 11.4km、三级截污管网 11km，邛海周边基本实现截污管网覆盖。

凉山州、西昌市还先后投入 3.46 亿元，实施天然林资源保护工程、退耕还林工程、邛海周边可视范围植被恢复工程，累计实施人工造林 10 万亩，封山育林 6.2 万亩，水土流失治理 307km^2，每年减少排入邛海泥沙 30 万 t。

在邛海生态保护和湿地恢复工程建设过程中，西昌市通过退田还湖、退塘还湖、退房还湖、截污管网建设及恢复天然湿地、建设小型人工湿地模式，大量种植水生、湿生植物等措施，邛海生态环境明显改善，邛海区域环境全面优化。2012 年，青龙寺、邛海水厂等监测点位水质稳定达到 Ⅱ 类水标准，富营养程度为中贫营养，邛海区域空气质量和噪音标准达到国家一级标准。

为更好地保护和改善邛海生态环境，湿地五期在邛海东岸敷设总长 15km 的截污干管，采用雨污完全分流制，将从川兴镇范围流入邛海的污水全部截留入干管，解决邛海东北岸点源水污染；通过航天大道东延线两侧百米防护林、环湖路北侧水质净化林、滨湖湿地多级生物过滤净化等有效解决了邛海东北岸面源水污染问题；通过实施山洪泥石流防治工程、设置沉沙清淤场等，有效缓解官坝河、青河等入湖河流对邛海造成的淤积问题，在邛海东北岸构筑起一条立体生态保护屏障，最大限度地减少对邛海的水体污染。

此外，在实施区域水源污染监测的基础上，从疏浚、配水、生物治理三方面入手，改善邛海湿地水体环境和水体质量。通过疏浚，恢复贯通湿地内水体联系，通连外部水系，增强湿地水体的流动性；通过实施科学配水方案，实行动态监测，保证湿地保护区的生态用水和常年水质；通过生物治理，进一步发挥湿地的滞洪和调蓄功能，结合配置芦苇、茭白等典型湿地植物，恢复湿地的自净功能。

7.2.2 挑 战

（1）土著鱼类栖息地生境改变

栖息地是鱼类繁衍和发育的必要保障（Ecosystem Princivles Advisory Panel，1997；Rosenberg et al.，2000；Valavanis et al.，2004；Cook & Auster，2005）。由于流域土地利用、植被覆盖以及人为活动的干扰，破坏了邛海长期以来形成的良好的鱼类栖息地，从而直接导致了部分土著鱼种的灭绝。河口的浅水区域是多种鱼类的主要产卵地，但自20世纪60年代中后期以来，由于对陆地森林植被的大量砍伐，导致目前邛海流域的水土流失加剧。官坝河口是邛海的特有鱼种——邛海白鱼的最主要产卵地，但经由官坝河子流域年入湖的泥沙达41.86万t，占了整个邛海流域入湖泥沙的53.8%，官坝河口也早已改变了其原有的位置和生态条件，使邛海白鱼失去了其产卵的自然条件，种群无法得到延续。

此外，由于人为的水利开发、防洪等活动的干扰，破坏了湖堤和近岸区的原有结构和植被组成以及天然的鱼类产卵地，从而也干扰了土著鱼种的产卵。这也在一定程度上影响了土著鱼种的繁衍，如邛海红鲌，常在有水草的近岸区产卵，卵粘在水草上发育。与商业利用价值低的土著鱼种相比，尽管目前占据邛海鱼类主导地位的商业鱼种也会受到浅水区域淤积的负面影响，但与土著鱼种不同的是，它们的繁衍和发育主要依靠人为的鱼苗投放。因此在这种情况下，土著鱼种在根本上处于不利的竞争地位，从而也加速了其灭绝的速度。

（2）湖泊水生态系统组成与结构发生变化

由于人为的影响和渔业的发展，对邛海的水生态系统的组成和结构产生了重大的影响，高等水生植被的分布范围萎缩、生物量降低，从而也制约了土著鱼类的生存和发展。邛海的水生维管植物分布面积从1992年占全湖面积的21.3%下降到2003年仅有的9.8%，湖泊面积由31.0km^{2}下降到27.877km^2。

在20世纪80年代以前，邛海的湖滨自然生态结构为"乔木—挺水植物—浮叶植物—沉水植物"，但由于长期的湖滨带土地被侵占和混凝土湖堤的建设，邛海湖滨带的乔木生态系统已被完全破坏，邛海挺水植物群落大面积消亡，目前残留下的仅有星散的乔木和少量挺水植物，组成生态系统的物种基本消亡。乔木生态系统的大量破坏使得鱼类在近岸水域的产卵和觅食失去了屏蔽，挺水植被的消亡使得土著鱼类，如中华倒刺鲃和岩原鲤，失去了主要的食物来源，其余土著鱼类，如邛海鲤和邛海红鲌的卵失去了在水草上依附和发育的基础。

邛海生态结构的改变还影响了处于食物链顶端的食鱼性鱼类，能够被食鱼性鱼类捕食的小型鱼类在总鱼类种群中的比重由20世纪40年代的35.0%，下降到20世纪80年代的30.77%和2003年的27.78%。食鱼性鱼类捕食小型鱼类的机会在减少，食物来源受到限制。此外，由于1965年以来大量投放具有商业价值的鳙、鲢等鱼苗，为减少食鱼性鱼类对鳙、鲢等种群鱼苗的捕食，提高商业性鱼类鱼苗的成活率，渔民也有目的地捕捞一些食鱼性鱼类，从而造成了食鱼性鱼类在种群数量和生物量上的降低。以乌鳢（*Channa argus*）为例，根据1956年和2003年的统计，1956年乌鳢的产量为15.2t，占到总渔获物的30.4%，而2003年的产量仅为2.8t，占到总渔获物的0.42%。

（3）鱼类捕获量不足且比例欠协调

目前，邛海年均捕获量约为613t（499～730t），尚未达到其最佳持续捕获量（734.99～826.86t/a），基于天然饵料而不人为添加饵料的前提，捕获不足会使留湖鱼量过剩进而在一定程度上加剧生态系统恶化，进而使渔业朝不可持续的方向发展。与此同时，以底栖生物为食的渔产潜力约占全湖总渔产潜力的14.1%，而以此为食的鱼类产量所占比例应有所提高。人为因素导致的捕获比例失调，可直接影响邛海鱼类群落结构，并经由食物网反馈而进一步影响到生态系统整体的生物群落结构，如过量捕捞浮游植物食性的鱼类加之营养盐输入增加等因素，存在发生藻类水华的风险。

（4）湖泊流域污染物入湖量增加

20世纪80年代以后，由于流域人为活动强度的增大，入湖的污染物剧增，邛海的平均TN和TP浓度上升。入湖营养物质的增加使得浮游生物的种类和数量呈增加趋势，Chl. a浓度增加。此外，加之入湖泥沙量的增加，邛海的平均透明度下降。浮游生物量的增加和透明度的降低使得沉水植被的分布范围萎缩，土著鱼类的产卵、摄食和栖息受到负面影响。此外，水生植被资源的减少导致依附于水草的大型浮游动物、螺类等资源也随之下降，鱼类也失去了产卵和索饵的适宜场所，致使土著鱼类迅速减少。

（5）土著鱼类的过量捕捞和外来物种入侵

邛海的渔船由1949年的250只增加到20世纪90年代的558只，由于流域内渔业捕捞力度的增大，造成了土著鱼种的过量捕捞。外来鱼种的入侵是造成邛海鱼类种群变化的一个重要原因，在生态位和食物来源上与土著鱼类形成竞争。尤其是一些经济利用价值低的外来鱼种，如麦穗鱼、子陵吻鰕虎鱼和波氏吻鰕虎鱼，其个体小、渔业价值低、生长周期短、繁殖力强、适应性强，从而在湖泊中繁衍下去，与土著鱼种争夺食物。特别是麦穗鱼，会大量吞食其他鱼类的卵，危及土著鱼类的繁衍和发展。与此同时，由于处于食物链顶端的肉食性鱼类种群和数量的减小，导致麦穗鱼等小型鱼类被捕食压力的减小。此外，外来鱼类的入侵还改变了土著群落基因库的结构，主要表现在鲤鱼种群和鲫鱼种群。由于各种群之间不加节制的杂交，杂交后代在自然水体中存活下来，造成种质的混杂。

8 邛海生态渔业模式构建

8.1 放养渔业与湖泊水环境质量的关系

鱼类属于湖泊生态系统中食物网的顶级消费者，放养大量不同食性的鱼类，势必影响湖泊鱼类的群落结构，并对其他生物群落特别对饵料生物群落产生影响，进而影响整个湖泊生态系统的结构和功能。四大家鱼（青鱼、草鱼、鲢鱼、鳙鱼）具有生长快、竞争力强、耐低氧、适于高密度养殖、产量高等特点，且20世纪60年代突破了人工繁殖技术，常为我国渔业的主要放养对象。依据食性和生活习性，放养鱼类通常可归为三类：一类是滤食性、营中上层活动的鱼类，如鲢、鳙等；第二类是草食性、营中下层活动的鱼类，如草鱼等；第三类是杂食性或温和肉食性、营底层活动的鱼类，如鲤等；凶猛肉食性的鱼类在湖泊养殖中一般是为了控制种群数量。

8.1.1 对湖泊生物多样性的影响

放养渔业，可能降低鱼类生物多样性。外来鱼类的引入，与当地土著鱼类发生食物、空间等方面的竞争，造成了土著鱼类种群数量的减少，甚至绝迹。如1958年杞麓湖鱼产量中，浮游动物食性的大头鲤占了50%左右。与湖中的杞麓鲤同为同域分化的鲤属鱼类，取食器官的进化时间和进化程度远不及与其食性相似的鳙。大头鲤口较小，鱼鳃短而稀，滤食能力弱；鳙口较大，鱼鳃长而密，滤食能力强。取食器官这些结构和功能上的悬殊差异，使得鳙在食物竞争中处于优势的地位。因此，引种而造成的食物竞争是杞麓湖大头鲤种群数量急剧减少的主要原因之一。再如邛海放养渔业实施后，土著鱼类明显减少，此情况还见于东湖、洱海、抚仙湖和泸沽湖等多个湖泊。

放养渔业，可能降低其他生物的多样性。为了给鲢鱼、鳙鱼提供更多的饵料，也有利于捕捞作业，有意识地放养草食性鱼类，限制甚至消灭与浮游植物存在竞争关系的水生植物，可在一定程度上降低生物多样性，鲢鱼的耙间距主要为 $15\sim41\mu m$，其摄食行为极大地影响了浮游生物群落结构。例如，武汉东湖20世纪60~80年代浮游植物的优势种类为微囊藻、束丝藻、鱼腥藻等大型种类，20世纪80年代小型种类如直径 $1.5\sim12\mu m$ 的平裂藻、纤维藻、小环藻和直径 $1.5\mu m$ 的小型颤藻、尖尾蓝隐藻等数量和生物量急剧上升，大型藻类生物量大幅度减少。水草缺乏，兼食性浮游动物种类显著减少；藻类大量繁殖，pH值变高，嗜酸性种类减少，浮游动物群落结构趋于简单，多样性指数下降；大型浮游动物种类和数量减少，小型种类则得以发展。

8.1.2 对湖泊富营养化的影响

我国湖泊富营养化迅速发展的主要原因是人口的增加和工农业的发展,大量的生活污水和工农业废水排入湖泊,污水处理手段的滞后和缺乏。我国湖泊富营养化的发展过程与"四大家鱼"为放养主体鱼的养殖渔业的发展是同步的,这种养殖方式特别是滤食性的鱼类在湖泊富营养化过程中所起的作用,在国内学术界存在分歧,结合国外的有关工作,可就草食性鱼类、滤食性鱼类、底栖鱼类和凶猛性鱼类四个方面分别展开讨论。

（1）草食性鱼类的影响

草食性鱼类以湖泊水生维管植物（简称水草）为食物。水草的生物量很高,温带挺水植物如芦苇等的地上生物量达 $15 \sim 35t/hm^2$,在热带莎草可达 $150t/hm^2$。其有机物质的年净生产量通常是生物量的 $1.5 \sim 2$ 倍,生产力可与森林、草地相比,甚至超过它们。我国的大多数湖泊尤其是东部的湖泊属于浅水湖泊,有着丰富的水草资源,有些湖泊水草分布面积大,可占湖泊面积的 $80\% \sim 100\%$,最高生物量大于 $5000g/m^2$。

水草除了为其他生物提供栖息、繁殖和庇护场所外,还可以有效地吸收湖泊中的营养物质,以及吸收、降解人工合成物质和有害物质,因此,常常作为净化水质的手段之一。过量放养草鱼,则导致水草的减少甚至毁灭。武汉东湖 1963 年挺水植物带、浮叶植物带和沉水植物带占全湖面积的 83.4%;1964 年以后,面积明显缩小;1975 年三个植物带仅在个别湖湾浅水处呈块状分布,1979 年后,植物带已基本上不存在了,挺水植物带中的莲仅在湖心亭和小龟山附近有少量分布。内蒙古的岱海,1954 年开始人工放流鱼类,由于过量放流草鱼,湖内丰富的水草资源在数年内被破坏殆尽,草鱼甚至饥不择食,迫食其他小鱼。我国湖泊中,有的因水草茂盛,水体自净能力较强;而当水草遭到破坏后,水体的缓冲能力下降,被水草所固定的氮磷重新释放回水体,草型湖泊变为藻型湖泊,水质迅速恶化。

（2）滤食性鱼类的影响

传统的湖沼学研究途径为理化因素—浮游植物—浮游动物—鱼类,即研究"上行效应（Bottom-up Effect）"。与此相反的途径为"下行效应（Top-down Effect）",即鱼类对淡水生态系统结构和功能的影响,其中重点为浮游生物食性的鱼类如何通过对浮游生物的影响,进而对水体的水质产生影响。20 世纪 80 年代以来大多数实验验证了"下行效应"的观点,然而,基于研究条件的差异、非线性的浮游生物食性鱼类生物量与浮游植物生物量关系、研究区域和对象的不同、研究尺度的不同等,亦有不显著或相反的观点。

鱼类摄食浮游动物,减缓了浮游动物对浮游植物的摄食压力,浮游植物生物量和初级生产力上升;鱼类对浮游植物的大量摄食,并不能使浮游植物的生物量降低,这是因为更小型藻类得以增殖;浮游生物食性的鱼类加快了磷的释放速率或循环速度。因此,降低滤食性鱼类生物量,可以使植食性浮游动物生物量增加,浮游植物生物量减少,叶绿素浓度和初级生产力下降,透明度增加,湖泊中氮、磷的浓度降低,这就是 20 世纪 70 年代提出的"生物操纵"和 80 年代的"营养级联动假说"的理论基础。

以滤食和以视觉捕食浮游生物的鱼类"下行效应"的途径是不同的。滤食性鱼类抑制枝角类和大型浮游植物，间接促进桡足类和小型藻类种群增长；捕食性鱼类抑制大型浮游动物，间接促进藻类、小型或快速逃逸的浮游动物种群增长。

鲢具有鱼类中最致密的滤食器官，国外的试验一般局限在中型、微型生态系统或池塘中进行。鲢促进了小型藻类的生长，但在能否抑制浮游植物总生物量和控制水华等方面的结论不一。Smith 认为鲢可以有效地控制浮游植物的生长，但是其前提是为浮游动物提供庇护场所，使高密度的浮游动物能与鲢共存。水草是一种理想的庇护场所；浮游生物食性的鱼类多为上层鱼类，因此，深水湖泊和水库也是一种庇护场所，即浮游动物通过昼夜垂直移动，躲避鱼类的摄食。

在自然状况下，当捕食者受到鲢鳙的抑制，同时鲢鳙又不能利用的浮游生物小型种类终究将占领大型种类所遗留下来的生态位，其种群得以发展。因此，高密度的鲢鳙可能对大型浮游植物有极大的抑制作用，进而使小型藻类迅速发展、水质恶化，若最终出现了有害藻类水华，极有可能对鱼产品品质产生较大影响（如藻毒素、异味物质等藻类的二次代谢产物），进而影响渔业的社会经济效益。

（3）底栖鱼类的影响

在富营养化湖泊中，底栖鱼类的活动如寻觅食物时搅动沉积物，使之回复悬浮状态或在消化活动中释放磷，可大大增加水中氮、磷的含量。据报道，引入底栖鱼类与无鱼的系统相比，总磷增加了 3 倍，藻类鲜重增加了一个数量级；无鱼的系统中总磷仅为放养杂食性鱼类拟鲤（*Rutilus rutilus*）系统的 30%，藻类生物量也较低；Richardson 等发现鲤使底栖无脊椎动物的丰度大幅度降低，藻类生物量和初级生产力增加。Northcote 研究发现鲤与鲢混养，能引起浮游植物生物量和生产力的上升，由于鲤的直接摄食和寻觅食物时的挖掘行为，试验圈中的水草生物量减少了 67%。

（4）凶猛性鱼类的影响

在我国的湖泊养殖中，由于凶猛性鱼类捕食放养鱼类的苗种，因而常是需除去的野鱼的主要对象。然而，国外的研究表明，利用湖泊顶级消费者即凶猛性鱼类来调控滤食性鱼类种群数量，使之通过营养级的联动效应，可以达到调控湖泊生态系统的目的。

综上所述，发展湖泊养殖可以取得一定的经济效益，为社会提供水产品、就业机会等社会效益。但是，若不能因地制宜进行有效放养与维护管理，放养极有可能影响到湖泊的水环境质量，如生物多样性降低、富营养化加速、藻类生物量增加形成水华等，这些势必造成其他产业的经济损失，也给社会带来不利影响。

8.2　发展思路

在保障邛海水环境质量和鱼类生境完整性的基础上，通过自然放养方式，结合天然饵料的生物量以及不同鱼类的摄食需求，最大化利用除水生高等植物以外的天然饵料，通过合理捕捞，使进入湖体的生源元素最大量向外输出，实现邛海水产品安全、渔业生产安全和水生态安全，为此，开展邛海水环境功能分区和生态渔业功能分区，协调水环境保护与生态渔业发展的关系；开展渔业群落结构设计，制订合理捕捞方案，实现进入湖体的生源元素最大量向外输出；制订邛海土著鱼资源恢复方案，提高邛海水产品品质及水生态系统的生物多样性，增强水生态系统的稳定性；强化邛海渔业管理，保障生态渔业的有效运行。

8.3 发展目标及指标

8.3.1 发展目标

通过 5 至 10 年的生态渔业发展，并有效结合饮用水水源地环境保护措施，全面实现邛海湖泊生物资源修复目标，在渔获量可持续增加的基础上使土著鱼类种群得以扩增、保护生物多样性；维护湖滨带滩涂、湿地生态功能，为鱼类栖息、产卵、觅食等提供有利场所；杜绝水产养殖饵料的二次污染、有效解决流域面源污染问题，使邛海湖泊水质稳定在Ⅰ~Ⅱ类；实现邛海渔业资源最优化管理，促进以水环境保护为前提的邛海生态渔业模式构建。

8.3.2 发展指标

8.3.2.1 生态渔业指标体系构建

构建生态渔业评价指标体系，可以为渔业发展提供综合对比分析，发现渔业发展存在的问题，并参照其他区域渔业发展寻找适合自身特点的转型之路，这种综合对比分析有利于区域经济的协调合作发展、资源的有效配置以及湖泊生态环境的改善。

生态渔业评价指标的选择不仅要遵循经济发展的客观规律，而且要符合可持续发展的基本原理。生态渔业测度的指标应该涵盖以下两方面的内容：第一，能够反映渔业生态化发展所处的阶段水平；第二，通过相关指标及实际数据的测算，能够发现渔业生态化水平发展中存在的问题，针对问题，提出切实可行的对策建议。生态渔业指标体系构建应具有系统性原则、客观性与相对独立性原则、动态性和静态性等原则。

系统性原则：系统性原则是指设置的评价指标应能够全面综合地反映被评价对象的特点，能够多角度、多层次全面揭示被评价对象的发展规律，即评价指标必须能够综合反映渔业生态化发展状况的各个方面。被评价对象往往是多因素构成的系统，评价指标体系必须是能反映评价对象特征因素的集合。在数据收集和处理方面要采用科学合理的方法和手段。坚持系统性原则，既要把握评价对象信息的客观性与真实性，又要把握评价对象信息的全面有效性，务必排除依据片面的信息作结论。

客观性与相对独立性原则：一方面，客观性要求以事物客观发生的实际情况为主，在评价客观对象时，要符合评价对象本身发展的性质和特点。另一方面，由于评价指标众多，相互之间存在着评价内容的重复与交叉。相对独立性原则即是指在选择被评价对象评价指标时，应该尽可能选择独立性较高的指标，评价指标内容含义清楚明晰，避免指标相互重复设置造成评价的冗杂与烦琐。

动态性和静态性原则：生态渔业既是一个目标，又是一个过程，生态渔业评价指标的设置应体现渔业生态化水平的动态发展与静态发展的统一。一方面，选取设置的评价指标要有动态性，能够动态地反映渔业生态化发展变化的规律；另一方面，指标要具有相对稳定性，应具有描述、预警和评估功能，以便于生态渔业发展过程中各阶段的对比分析，从而找出相互之间的差异，以引导生态渔业向着最优的发展方向和模式演进。

理论指标与操作指标相结合原则：理论指标体系强调普适性，主要从可持续发展和循环经济的原理入手，从各个方面较为全面地反映生态渔业发展水平、发展潜力；操作指标体系更加强调对于研究生态渔业发展水平的实用性。

经济和生态（资源）环境指标相结合，突出资源利用效率原则：指标体系构建中，不仅要有能够反映经济发展的指标，还要有反映社会、资源发展与生态环境保护的指标。

（1）构建基础

指标体系是指为完成研究目的而选取若干个相互联系的评价指标构成的评价整体，能真实综合地反映研究对象各方面的状况。评价指标体系科学合理的建立是生态渔业发展的必然前提，只有对渔业生态化水平进行科学客观的测度与评价，才能确定渔业生态化发展的程度，才能找到发展过程中存在的各种问题以及今后需要解决的问题及对策。指标体系的构建须基于综合循环经济、生态经济的内涵，参考可持续发展评价与生态安全评估等相关指标体系，运用层次分析法基本思想进行构建。

（2）指标体系构成

生态渔业指标体系的构建应按目标的大小分为三个层次，自上而下分别为目标层、控制层、指标层，组织成树形结构的指标体系（"1+4+N"指标体系）。目标层是最高层，即生态渔业发展总体状况和水平；控制层包括四类指标，分别为生态渔业发展的经济指标、社会指标、可持续发展与生态（资源）环境指标、调控管理指标。各类指标分别确定若干个评价目标，再根据不同的目标设立终极指标，构建层次清晰、目标明确的生态渔业总体指标体系框架，具体如表8-1所示。

生态渔业经济指标：渔业生产的经济效应是指渔业的各类生产活动包括捕捞、养殖、水产品加工以及服务流通等所带来的经济总成果。将生态渔业指标设置为渔业产业总体发展与产业结构发展两类指标，具体指标层指标包括反映产业总体发展情况的渔业总产值、渔业工业和建筑业产值、渔业流通和服务业产值及相应各产值增长率，反映产业结构发展情况的渔业三次产业结构比及渔业第三产业比。

生态渔业社会指标：渔业生产的社会效应是指渔业生产对社会发展产生的影响，包括对社会就业促进、科技投入、渔民收入增加等的影响。经济生产活动的最终目的是为了提高人们的生活质量促进社会的进步，设置反映渔业产业发展对社会就业的拉动和反映社会科技进步两个指标，其中渔业产业发展对社会就业的拉动指标包括渔民人均纯收入、纯收入增长率、渔业从业人口、投资就业增长弹性比重四个指标，反映社会科技进步指标包括科研机构数量、科研从业人员两个指标。

表 8-1　生态渔业评价指标体系构建

目标层	控制层		指标层
生态渔业发展总体状况和水平	经济指标	产业总体发展	渔业总产值、总产值增长率
			渔业工业和建筑业产值、产值增长率
			渔业流通和服务业产值、产值增长率
			水产品出口额、出口额增长率
		产业结构发展	渔业第三产业比重
			水产品加工能力、水产品加工业产值
			三次产业结构比、产业结构相似系数
	社会指标	就业拉动	渔业从业人口及从业人口比重、投资就业增长弹性比重
			渔民人均纯收入、纯收入增长率
		科技进步	（地方）渔业科研机构数量
			（地方）渔业科研从业人员
	可持续发展与生态（资源）环境指标	资源环境承载力	相对经济资源承载力
			相对资源人口承载力
			综合承载力
		资源供给能力	养殖面积、产量
			人均渔业（水产）资源量
		水生态系统健康	水生态系统活力
			水生态系统组织结构
			水生态系统恢复力
	调控管理指标	资金与调整	涉渔资金投入
			涉渔产业结构调整
			渔业资源优化
		建设与机制	涉渔生态建设
			涉渔监管能力建设
			长效机制

生态渔业可持续发展与生态（资源）环境指标：渔业生产的资源环境效应是指渔业在生产过程中及生产之后对生态环境造成的影响及可获取的资源数量。渔业生产应以渔业资

源数量为前提，在有限的资源条件下，满足人们对水产品的需要，同时，资源获取的数量应该在资源的承载力之内，以保持资源的可持续发展与利用以及水生态系统健康。为此，设置反映渔业资源可持续发展的指标应含有渔业资源环境承载力，如相对资源人口承载力、相对经济资源承载力、综合承载力；反映渔业资源供给能力的（湖泊）养殖面积、产量及人均水产资源量三个指标层指标；以及反映湖泊水生态系统健康的水生态系统活力、组织结构和恢复力三个特征指标。

生态渔业调控管理指标：调控管理是指人类的"反馈"措施对生态渔业发展的调控及水生态环境的改善作用。调控管理应涉及的内容包括经济政策、部门政策与环境政策，具体指标包括涉渔的资金投入、产业结构调整、资源优化、生态建设、监管能力建设和长效机制。

8.3.2.2 具体指标

（1）生态渔业的主体鱼类

合理投放不同鱼类苗种，适当调控各类群鱼类的捕捞量，优化邛海鱼类群落结构，增加土著鱼类在邛海水体中的现存量，使邛海生态渔业的主体鱼类为鲢鱼、鳙鱼、鲫鱼、鲤鱼、青鱼、圆吻鲴、中华倒刺鲃、南方大口鲇和乌鳢，提高邛海的鱼类完整性和水生态系统的稳定性。

（2）各类鱼种的投放量

在 2013 年投放鱼苗的基础上（鲫鱼苗 12 万尾、鲤鱼苗 14 万尾、青鱼苗 2 万尾、鲢鱼苗投放 600 万尾、鳙鱼苗投放 400 万尾），加大鲫鱼、鲤鱼和青鱼鱼苗的投放量，每年增加投放圆吻鲴鱼苗 2 万尾、中华倒刺鲃鱼苗 5 万尾、南方大口鲇苗种 1 万尾、乌鳢苗种 1 万尾。

（3）生态渔业捕捞量

在 2013 年鱼类捕捞量（509.5 吨）的基础上（鲢鱼、鳙鱼 445 吨，鲤鱼、鲫鱼 6 吨，白条鱼捕捞 41 吨，银鱼捕捞 7 吨；青虾捕捞 10.5 吨），控制青虾的捕捞量不超过 5 吨，增加鲢鱼、鳙鱼的捕捞量，逐步提高圆吻鲴、中华倒刺鲃、南方大口鲇和乌鳢在捕捞量中所占的比例，使得鱼产量接近邛海的最大可持续捕捞量（734.99～826.86 吨/年）。

（4）土著鱼类人工增殖放流

进行邛海白鱼的人工增殖试验研究，不断增加邛海白鱼的亲鱼保有量，争取突破邛海白鱼的全人工繁育技术，逐步达到增殖放流的目的。

8.4 邛海生态渔业总体布局与功能分区

8.4.1 邛海水功能区划

8.4.1.1 区划原则

依据 1997 年 6 月 26 日四川省第八届人民代表大会常务委员会第二十七次会议批准的

《凉山彝族自治州邛海保护条例》，第一章第二条："邛海为饮用水水源保护区、自然保护区和风景名胜区。它兼容饮用、灌溉、养殖、旅游、调节小区气候等多种功能。邛海的保护按饮用水水源保护区的环境质量标准制定保护措施。"第三章第十一条："邛海水体的水质执行国家规定的地面水Ⅱ类环境质量标准。"第三章第十二条："邛海入湖河口水质不得低于国家规定的地面水Ⅲ类环境质量标准。"对邛海的水环境功能区划分应与湖区的经济社会发展相结合，要科学地、合理地开发利用邛海的水资源，保护好当代和后代人赖以生存的水环境，保障人们的用水安全及动植物正常生存的需要，实现可持续发展。在划分的各个功能分区中，以集中式生活饮用水源地为优先保护对象，划定的饮用水源地一级保护区内禁止排放污水，禁止新建、扩建与供水设施和保护水源无关的建设项目，保证保护区内的水质满足规定的水环境质量标准。通过水环境功能区划分，合理地利用邛海的水环境容量，为湖区的经济社会发展提供支持。功能区划分与邛海的工农业布局、产业结构调整和城镇建设发展规划相结合，对邛海上下游水域统筹考虑，统一规划，分区控制。不同分区内的环境承载力采用不同的污染物总量控制标准来控制，确保邛海水环境保护目标的实现，使水环境功能分区的划分与邛海流域总体规划相协调。邛海水环境功能分区的划分具体从下面几个方面考虑。

①自然条件相似的区域。相同的自然条件，水资源的利用方式和使用目标相似，水体的自净能力一致，从而在水环境保护和改善生态环境的方向和措施上也类似。

②污染状况相似的区域。相同的污染负荷产生途径和水污染程度，有利于采取统一的水污染防治措施和水污染控制方法。

③使用目标相似的区域。相同的开发利用功能，水质标准要求一致，便于环境管理。因此，使用目标也是水环境功能区划分需要考虑的因素。

8.4.1.2 水域分区

按照上述水环境功能区划分原则，从邛海湖体的形态、水深、入湖出湖水量以及水生植物分布、水质指标、污染状况等方面考虑，本研究工作将邛海水域划分为上游、中游、下游三个子湖功能区，即Ⅰ功能分区、Ⅱ功能分区和Ⅲ功能分区。

Ⅰ功能分区

自然条件：呈圆形，湖面开阔，水深，容积大，平均湖宽4.2km，平均水深12.69m，按水位1509.8m计，湖面积16.95km²，容积2.15亿m³。该分区汇水面积228.24km²，主要的几条入湖河流官坝河、鹅掌河、青河、红眼沟、踏沟河和龙沟河等均汇入该子湖区，年平均入湖径流量1.086亿m³，占总入湖径流量的73.7%，为邛海的上游水域。子湖区内湖床周边水生植物基本上都有分布，其中，月亮湾、杨家堰沿岸生长最为茂盛。该子湖区生物状况和生态质量较好，水体自净能力较强。湖区南岸是海南乡，有大片农田，以农耕为主。湖北岸是川兴镇及凉山大学等多家单位，城镇居民较多。汇水区上游区域森林植被保持较好。

陆面区域：该分区的陆面区域主要包括官坝河和鹅掌河两个较大的流域区及小溪坡面区。按小流域划分，具体包含的小流域有4、5、6、7、8、9、10、11、12、13、14、15、16、17共14个片区，另外，3片区有一小部分也落在该分区陆面区域内。

污染状况：该分区水体水质较好，属Ⅱ类水体。影响水质的污染源主要来自汇水区内的农田化肥、农村生活面源和水土流失携带污染物，湖南岸的农田、农村生活面源，湖北岸有部分城镇居民污水。

污染控制：水污染防治重点为官坝河流域、鹅掌河流域、海南乡和月亮湾一带坡面区域的生态建设和面源治理，沿湖湖滨带生态修复，湖北岸城镇居民污水集中处理，改善流域内生态环境质量，提高森林植被覆盖率。

水域功能：主要适用于集中式生活饮用水地表水源地一级保护区、珍稀水生生物栖息地、鱼虾类产卵场、仔稚幼鱼的索饵水域，是邛海重点保护的区域。

保护目标：近期达到Ⅱ类水质；中期保持Ⅱ类水质；远期稳定保持Ⅱ类水质，局部水域达到Ⅰ类水质。

Ⅱ功能分区

自然条件：也是Ⅰ分区与Ⅲ分区的过渡区域。湖面开始变窄，平均湖宽 2.5km，平均水深 9.47m，按水位 1509.8m 计，湖面积 7.53km²，容积 0.713 亿 m³。该分区汇水面积 33.58km²，仅有一条主要入湖河流大沟河，入湖水量主要来自坡面径流，水量较小，年平均入湖径流量 0.183 亿 m³，占总入湖径流量的 12.4%，为邛海的中游水域。子湖区两岸周边有部分水生植物分布。汇水区域西面为泸山坡面，植被保持较完整，而湖滨带基本被开发为宾馆和度假村，东岸湖滨带已被开发成农田。

陆面区域：陆面区域有邛海东西两岸的坡面和大沟河流域。对应小流域的划分，包括 3、18、19 小流域片区和湖西岸坡面 20 小流域片区的部分区域。

污染状况：该分区水质一般，目前属Ⅱ～Ⅲ类水体。陆面入湖污染负荷量相对也小。

污染控制：陆面污染源主要来自湖西沿岸居民点源和东岸农田面源，重点是对两岸湖滨带的生态建设和拆堤退田恢复湿地，控制点污染源。

水域功能：主要适用于集中式生活饮用水地表水源地二级保护区、渔业水域及游泳区水域。能起到Ⅰ分区至Ⅲ分区过度缓冲区的作用，也是邛海未来主要开发利用的区域。

保护目标：近期为Ⅱ类水质，局部区域为Ⅲ类水质；中期达到Ⅱ类水质；远期保持Ⅱ类水质。

Ⅲ功能分区

自然条件：呈狭长形，湖面狭窄，水浅，容积小，平均湖宽 1.6km，平均水深 2.94m，按水位 1509.8m 计，湖面积 2.29km²，容积 0.067 亿 m³。邛海的出流口海河在该子湖区，为邛海的下游水域，水滞留时间短，水交换快。该分区汇水面积 45.85km²，年平均入湖径流量 0.205 亿 m³，占总入湖径流量的 13.9%。邛海主要入湖河流之一的干沟河就汇入该子湖区，该河流上游流经区域城镇发达，人口密集，是几条入湖河流中污染最严重的河流。湖区水域水生植物分布稀少，生长较差，种类单一。汇水区域内农田、鱼塘集中在湖滨带，城区乡镇居民点较密集，对土地的开发利用强度较大。它是三个分区中人类活动最频繁、影响最大的区域。

陆面区域：主要为干沟河流域，还有湖北岸的坡面和泸山坡面的部分区域。按小流域划分包括 1、2 片区和 20 片区的部分区域。

污染状况：该分区是三个分区中水质最差、入湖污染负荷量较大的子湖区。湖水水质属Ⅲ类水体。湖周沿岸湖滨带开发强度大，破坏严重，围湖筑堤造田、建鱼塘、修建筑，居民生活污水直排入湖。

污染控制：重点是控制污染源，主要为实施沿岸污水截污工程，防止城镇居民与单位企业废水排入湖区影响水体的水质，以及修复湖滨湿地生态环境，利用人工湿地净化沿岸村镇的生活污水。

水域功能：邛海的出水区域，主要适用于一般工农业用水及旅游、娱乐用水水域。活动最频繁、影响最多的区域，主要功能为工农业用水区，主要的纳污水体，是邛海主要控制污染的区域。

保护目标：近期为Ⅲ类水质，局部区域为Ⅳ类水质；中期努力达到Ⅲ类水质；远期为达到Ⅱ类水质奋斗。

三个功能分区的面积、容积比较和主要水文特征值见图8-1、图8-2和表8-2。从图中可以明显看出，Ⅰ分区代表了邛海的主体部分，是邛海的主湖区，湖区面积占63%，湖容积占74%，水体的自净能力相对于其他分区要强，水环境容量也大；Ⅱ分区作为中间缓冲区，湖面积和湖容积占28%和24%；Ⅲ分区湖面积占9%，而湖容积仅占2%，水体的自净能力较弱，水环境容量也小，从水资源量来说对整个邛海的影响不大。

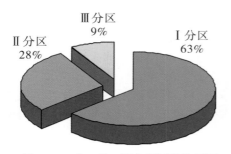

图8-1　Ⅰ、Ⅱ、Ⅲ分区面积比例图

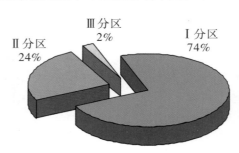

图8-2　Ⅰ、Ⅱ、Ⅲ分区容积比例

表8-2　邛海水域功能分区主要水文特征值

水域分区	湖面面积（km²）	湖体容积（10⁸m³）	平均水深（m）	汇水面积（km²）	多年平均年径流量（10⁸m³）	多年平均流量（m³/s）
Ⅰ分区	16.95	2.150	12.69	228.24	1.086	3.441
Ⅱ分区	7.53	0.713	9.47	33.58	0.183	0.578
Ⅲ分区	2.29	0.067	2.94	45.85	0.205	0.650

8.4.1.3　水质标准

水污染物因子的确定也是功能分区水质标准的重要内容。影响湖泊水质的主要污染物是总磷、氨氮、生化需氧量、高锰酸盐指数等湖泊富营养物和耗氧有机物，总磷、总氮污染是造成湖泊富营养化的主要污染因子。针对邛海的水质污染状况，本研究将有机污染物 BOD_5、COD_{Mn} 和 TN、TP 营养盐作为水环境治理控制研究对象，分析污染负荷量，预测未来水质发展趋势，进行邛海的水环境容量规划以及水污染物总量控制。

针对邛海水域功能区的划分和功能区的水质要求，根据《地表水环境质量标准》

（GB3838 - 2002）将 Ⅰ 分区、Ⅱ 分区、Ⅲ 分区三个水域的有机污染物 COD_{Mn} 和富营养物 TN、TP 水环境质量标准拟定如表 8 - 3，其中叶绿素 a 和透明度的执行标准参照《地表水环境质量标准》（GHZB1 - 1999）执行。

表 8 - 3　功能分区水质标准限值（mg/L）

分区	水质目标	COD_{Mn}	TN	TP	叶绿素 a	透明度
Ⅰ 分区	Ⅱ 类	≤4	≤0.5	≤0.025	≤0.004	≥4m
Ⅱ 分区	Ⅱ 类	≤4	≤0.5	≤0.025	≤0.004	≥4m
Ⅲ 分区	Ⅱ 类	≤4	≤0.5	≤0.025	≤0.004	≥4m

8.4.2　邛海生态渔业功能区划

根据邛海水环境功能分区和湖滨带生态功能区划分结果，结合最新颁布的《凉山彝族自治州邛海保护条例》中，一级、二级和三级保护区的划分，在深入调查、研究各主要鱼类生境状况的基础上，因地制宜确立鱼类繁殖保护区、渔业资源保育区、休闲渔业区和生态渔业区四个生态渔业功能区。鱼类繁殖保护区主要包括邛海湖体的四个湖湾，该区域为邛海鱼类的重要产卵场，包括高枧湾、月亮湾、青龙寺湾、岗窑湾的水生植物分布区域，应严格保护，禁止渔业捕捞；渔业资源保育区为邛海鱼类生境保育与恢复区域，这一区域主要为邛海湖滨带及新建成的湿地区域，沉水植物分布较多，是绝大多数邛海土著鱼类的觅食和产卵场所，需加强保护，严格控制捕捞作业，严禁破坏渔业资源的行为；休闲渔业区主要为邛海西岸湖滨带较早开发的区域，及部分已经形成的传统垂钓区域，这些区域多位于景区节点附近，垂钓人员较方便进入，岸带多为硬质岸带，近岸水域分布有一定数量的沉水植物，可适当开展观赏、垂钓等休闲渔业，是展示和宣传邛海生态渔业发展，让游人亲身体验生态渔业的最适区域；生态渔业区为远离滨岸带的敞水区域，是邛海水产公司在生态渔业的管理模式下，进行鱼苗投放，成鱼捕捞的作业场所。

8.5　生态放养与捕捞方案

8.5.1　优化邛海鱼类群落结构

恢复邛海以"水草、碎屑→底栖生物、虾、其他生物→小型鱼类→肉食性鱼类"为主体的食物网结构。通过投放苗种的方式增加圆吻鲴、中华倒刺鲃、南方大口鲇和乌鳢等土著鱼类的种群数量，提高邛海的鱼类完整性和水生态系统的稳定性，促进邛海健康生态系统结构的重建。邛海近些年营养状态水平趋于稳定。但值得关注的是，湖体营养状态十分接近于中营养过渡到富营养化临界值（TLI = 50），湖中浮游植物的生物量较大而沉水植物的分布面积较小，因此在恢复的初期需严格控制草鱼的放养量。

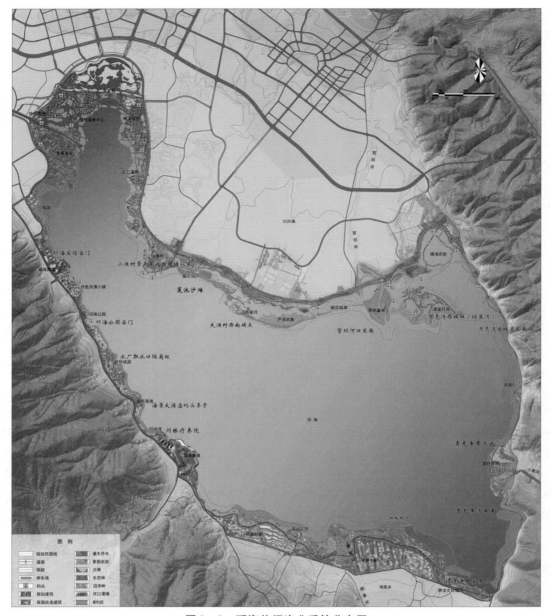

图 8-3 邛海休闲渔业垂钓分布区

8.5.2 培育鲢鳙鱼为主，兼顾土著鱼类的渔产品体系

培育和放养以鲢鱼、鳙鱼、鲫鱼、鲤鱼、青鱼、圆吻鲴、中华倒刺鲃、南方大口鲇和乌鳢为主体的邛海生态渔业渔产品体系。控制青虾的捕捞量为多年平均捕捞量的一半（5吨）。加大鲫鱼、鲤鱼和青鱼鱼苗的投放量，每年增加投放圆吻鲴鱼苗2万尾、中华倒刺鲃鱼苗5万尾、南方大口鲇苗种1万尾、乌鳢苗种1万尾。增加鲢鱼、鳙鱼的捕捞强度，

逐步提高圆吻鲴、中华倒刺鲃、南方大口鲇和乌鳢在捕捞量中所占的比例，使得鱼产量接近邛海的最大可持续捕捞量（734.99~826.86吨/年）。

8.6 邛海土著鱼资源恢复方案

8.6.1 邛海土著鱼资源现状

20世纪30年代，邛海水面面积为41.6km²，60年代为38.8km²，70年代为29.3km²，90年代为26.82km²（枯水期），目前，邛海水面积为27.408km²。邛海在过去的60年间竟失去了近一半的水面，直接导致了邛海渔业资源的锐减。随着邛海水域面积萎缩，水量减少，邛海湿地被三条进口河道的泥沙覆盖，或受周边生活污水的严重污染而破坏，或者受到周边农民和单位的侵占而建起了农家乐和宾馆，或者受到周边凤眼莲大量繁殖侵占，使水生生物面临生态灾难，鱼类失去产卵场，以致邛海鱼类生物多样性遭到严重破坏。

土著鱼是鱼类进化历史中留下的宝贵资源，特别是邛海特有鱼类（邛海白鱼、邛海红鲌、邛海鲤）是由于邛海鱼与安宁河、金沙江存在的地理与生态隔离形成的，是千百万年来适应环境形成的特有种。从生物多样性角度看，这是宝贵的资源遗产。在人类的干扰，特别是污染和过度捕捞的影响下，邛海的土著物种（特别是稀有物种）的大量消失以及杂食性鱼类和肉食性鱼类个体的减少等，是影响邛海生物完整性变化的最重要因素。邛海的土著鱼类，已由20世纪40年代的20种下降到80年代的7种和2003年的5种，邛海红鲌在60年代的渔获量中约占30%，80年代由20%下降到7%左右，目前已灭绝。

8.6.2 邛海土著鱼资源恢复措施

就地保护。土著鱼类特别是其中的特有种是鱼类伴随湖泊演化而形成的，具有重要的经济价值和科研价值，是体现地方特色的重要标志，也是我国鱼类生物多样性保护的重点。在生境条件良好、外界干扰少、易于监管的地区采取就地保护（保护土著鱼类栖息地和产卵场）、设立保护区。

迁地保护。由于生境变化、外来物种入侵以及不合理捕捞等因素，邛海土著鱼资源严重衰退，因此选择合适的地点开展土著鱼类人工驯养繁殖、育苗放湖等措施，加大邛海土著鱼类的种群数量，达到资源恢复、"生态鱼"和"有机鱼"产业发展的目的。规划建设邛海主要经济鱼类渔业苗种基地及邛海鱼类种质资源驯养基地。选择适宜邛海生态位的经济价值较高的，对原有土著鱼类影响小的鱼种就地培养，驯化形成规模化。

（1）建立邛海濒危土著鱼类保护区和人工繁殖基地

由于生境变化、外来物种入侵以及不合理捕捞等因素，邛海土著鱼资源严重衰退，因此可选择合适的地点开展土著鱼类人工驯养繁殖、育苗放湖等措施，加大邛海土著鱼类的种群数量，达到资源恢复、"生态鱼"和"有机鱼"产业发展的目的。

本次规划提出，在邛海环湖湿地五期、六期所在的区域，建设邛海土著鱼类人工繁育基地，由邛海泸山风景名胜区管理局和西昌市邛海渔政管理部门共同指导建设和管理繁殖基地，有效地保证邛海特有物种资源，以保证邛海鱼类多样性。邛海"生态鱼""有机鱼"的主体鱼类，应当是邛海现存鱼类中的土著鱼类，以及已经形成产量规模，有利于维持邛海水生态健康的经济鱼类。

（2）恢复土著物种和湖泊的食物网结构

为恢复邛海的鱼类生物完整性，促进邛海土著鱼资源的恢复，首先需要恢复土著物种和湖泊的食物网结构，减少外来鱼种入侵，重建湖泊生态系统结构，以及在维持生物完整性的前提下保障湖泊的服务功能和渔业生产力。

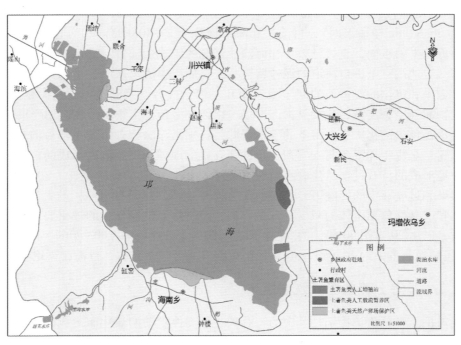

图 8 - 4　邛海鱼类繁育区分布示意

8.7　邛海渔业资源管理方案

与传统渔业和可持续渔业相比，生态渔业管理不仅关注渔业的持续性和经济价值，更重要的是，它从生态系统的角度出发，系统分析和调控湖泊鱼类种群结构，并试图恢复湖泊土著鱼类、重建完整和健康的湖泊生态系统。作为自然资源保护与管理中的一个重要概念，生物完整性（bioticintegrity）被认为是衡量生态系统支撑和维持一个平衡的、综合的和有适应性的生物系统的能力（Karr，1981）。

鱼类是邛海湖泊生态系统的一个重要组成部分，因此在达到上述生态渔业管理目标时，需要以系统分析方法、着眼于邛海湖泊生态系统整体，将土著物种的恢复同湖泊生态系统结构的重建以及渔业的发展结合起来，推行渔业的生态系统管理（ecosystem - based fishery management，EBFM）。唯有如此，方能将特定物种的保护引入系统整体的保护框架之内，从而避免为了特定物种的保护而对生态系统的其他组分产生负面影响。

8.7.1 邛海生态渔业保护法律法规的完善

建立邛海生态渔业保护专项法规，保证生态渔业得到合法有效的管理。全面保护生态环境和渔业资源，科学确定捕捞量，杜绝不合理捕捞方式，严格控制外来物种，科学确定并保持邛海生态水位，按照国家长江水域春季禁渔精神，因地制宜设立春季禁渔区（某些关键区域设立常年保护区，如土著鱼类的繁殖产卵区等，应从流域的角度来保护邛海鱼类资源）。常年不间断监测邛海生态及渔业状况，严格监控承包方渔业生产。建立渔业生态观测站，指导邛海生态渔业的生产与管理。并每年进行一次第三方评估，公开、公正、公平地指导下一年渔业生产计划。

8.7.2 流域尺度上的保护

在流域尺度上，采用流域分析方法，为鱼类的生境改善、种群恢复和湖泊生态系统结构的重建提供条件。可采用如下的保护方法：①根据邛海的保护目标和环境容量要求，削减陆地生态系统和人为活动输入湖泊的 N、P 以及其他污染物量；②陆地生态系统恢复，优先地点选择在官坝河以及其他入湖河流的上游，以减少水土流失和入湖泥沙量，延缓湖泊沉积速度和河口区的淤积，为土著鱼类的产卵和幼鱼捕食提供场所；③邛海内大部分的鱼类产卵在 4~6 月份，需保持湖泊水位在 4~6 月份的稳定，以减少鱼卵因水位波动剧烈而导致死亡率增高。

8.7.3 生境改善

生境是鱼类产卵、幼鱼捕食、发育、迁徙的主要场所，特别是特殊种群的栖息地，主要是指具有重要生态功能的湖泊浅水区和湖滨带、河口，以及易受人为活动影响的区域（Valavani et al.，2004）。邛海的鱼类生境改善主要包括如下几方面：①湖泊浅水区保护。由于邛海的面积较小，湖岸带浅水区到深水区的距离短、梯度变化大，因此适合土著鱼类产卵的浅水区面积很有限，需严格界定湖泊的变化范围、减少对浅水区的侵占。②浅水区和湖滨带生态修复。分区对邛海的湖滨带和浅水区实施退耕还湖、生态修复工程。恢复邛海的湖滨自然生态结构为"乔木→挺水植物→浮叶植物→沉水植物"，增加被遮蔽的湖滨带的面积和沉水植被的分布面积。③入湖河口泥沙控制区。在官坝河、青河和鹅掌河河口恢复天然湿地，减少泥沙入湖量，保护鱼类生境。④恢复湖堤的自然形态。由于资金的限制和防洪的需要，无法在近些年全部拆除混凝土湖堤，可在主要的鱼类产卵地放置人工鱼巢，并加大滨水区域沉水植被的恢复。⑤加强水位调控和水资源优化利用，保障 4~7 月份的水位不低于 1509.30m 的法定最低水位。

参考文献

1. Aglen A. 1983. Random errors of acoustic fish abundance estimates in relation to the survey grid density applied [M] . Symposium on Fisheries Acoustics, Bergen, Norway, 293 ~ 298.

2. Bain M B, Finn J T, Booke H E. 1988. Streamflow regulation and fish community structure [J] . Ecology, 69 (2): 382 ~ 392.

3. Drastik V, Kubecka J, Cech M, et al. 2009. Hydroacoustic estimates of fish stocks in temperate reservoirs: day or night survey? [J] . Aquatic Living Resources, 30 (3): 69 ~ 77.

4. Duncan A, Kubecka J. 1993. Hydroacoustic methods of fish surveys [J] . National Rivers Authority, 196 (2): 136.

5. Duncan A, Kubecka J. 1994. Hydroacoustic methods of fish surveys [J] . National Rivers Authority, 329 (8): 52.

6. Elliott J M, Fletcher J M. 2001. A comparison of three methods for assessing the abundance of Arctic charr, Salvelinus alpinus, in Windermere (northwest England) [J] . Fisheries Research, 53 (1): 39 ~ 46.

7. Foote K G. 1987b. Fish target strengths for use in echo integrator surveys [J] . Journal of the Acoustical Society of American, 82: 981 ~ 987.

8. Foote K G, Knudsen H P, Vestnes G et al. 1987a. Calibration of acoustic instruments for fish density estimation: a practical guide [M] . International Council for the Exploration of the Sea.

9. Gerlotto F, Soria M, Freon P. 1999. From two dimensions to three: the use of multibeam sonar for a new approach in fisheries acoustics [J] . Canadian Journal of Fisheries and Aquatic. Sciences, 56: 6 ~ 12.

10. Higginbottom I, Woon S, Schneider P. 2008. Hydroacoustic data processing for standard stock assessment using Echoview: technical manual [M] . Australia: Myriax Software Pty Led Publication, 1 ~ 108.

11. Melvin G D, Cochrane N A, Li Y. 2003. Extraction and comparison of acoustic backscatter from a calibrated multi- and single- beam sonar [J] . Ices Journal of Marine Science, 60: 669 ~ 677.

12. Moursund R A, Carlson T J, Peters R D. 2003. A fisheries application of a dual frequency identification sonar acoustic camera [J] . Ices Journal of Marine Science, 60: 678 ~ 683.

13. Mowbray F K. 2002. Changes in the vertical distribution of capelin (Mallotus villous) of

Newfoundland［J］. ICES Journal of Marine Science, 59: 942~949.

14. Simmonds E J, Maclennan D N. 2005. Fisheries acoustics: theory and practice［M］. Oxford: Wiley – Blackwell Science.

15. Tameishi H, Inomiya H, Aoki I, et al. 1996. Understanding Japanese sardine migrations using acoustic and other aids［J］. ICES Journal of Marine Science, 53: 167~171.

16. Vc A. 1995. Sound scattering from a fluid sphere［J］. Journal Acoustic Society Am, 22 (4): 426~431.

17. Zhang J, Chen G B, Chen P M, et al. 2013. Impact of subtracting time varied gain background noise on estimates of fisheries resources derived from post – processing acoustic data［J］. Journal of Applied Ichthyology, 29 (6): 1468~1472.

18. 陈开伟. 2013. 四川省西昌市邛海湖湿地外来入侵物种的生态危害及防治对策［J］. 江西教育学院学报, 34 (3): 39~42.

19. 邓其祥. 1985. 雅砻江鱼类调查报告［J］. 南充师院学报, (1): 33~36.

20. 邓思明, 藏增嘉. 1997. 太湖敞水区鱼类群落结构特征和分析［J］. 水产学报, 21 (2): 34~42.

21. 丁瑞华. 1990. 红鲌属鱼类一新亚种［J］. 动物分类学报, 15 (2): 246~250.

22. 丁瑞华. 1994. 四川鱼类志［M］. 成都: 四川科学技术出版社.

23. 李海涛, 郑璐, 马金华, 等. 2009. 四川省西昌市邛海湖湿地现状及其鸟类保护［J］. 西昌学院学报, 23 (1): 6~8.

24. 李林春, 陈宏智, 徐文彦, 等. 2007. 鱼类养殖生物学［M］. 北京: 中国农业科学技术出版社, 251~252.

25. 刘成汉. 1964. 四川鱼类区系研究［J］. 四川大学学报 (自然科学版), (2): 145~148.

26. 刘成汉. 1988. 邛海鱼类区系的形成及其演变［J］. 华南师范大学学报 (自然科学版), (1): 46~52.

27. 莫伟均, 王从锋, 秦孝辉, 等. 2015. 北盘江董箐与光照库区鱼类资源水声学调查［J］. 水生态学杂志, 36 (3): 10~16.

28. 牟洪民, 姚俊杰, 倪朝辉, 等. 2012. 红枫湖鱼类资源及其空间分布的水声学调查研究［J］. 南方水产科学, 8 (4): 62~69.

29. 倪勇, 朱成德, 等. 2005. 太湖鱼类志［M］. 上海: 上海科学技术出版社, 134~136.

30. 彭徐. 2007. 四川邛海鱼类多样性危机及对策［J］. 西南师范大学学报, 32 (1): 47~51.

31. 任玉芹, 陈大庆, 刘绍平, 等. 2012. 三峡库区澎溪河鱼类时空分布特征的水声学研究［J］. 生态学报, 37 (6): 1134~1144.

32. 孙明波, 谷孝鸿, 曾庆飞, 等. 2013. 不同渔业方式水库鱼类资源的水声学评估［J］. 运用生态学报, 24 (1): 235~242.

33. 孙明波, 谷孝鸿, 曾庆飞, 等. 2015. 基于水声学方法的天目湖鱼类季节和昼夜空间分布探讨［J］. 生态学报, 35 (17): 1~10.

34. 孙儒泳 . 1987. 动物生态学原理 [M] . 北京：北京师范大学出版社，283～295.

35. 谭细畅，夏立启，立川贤一，等 . 2002. 东湖放养鱼类时空分布的水声学研究 [J] . 水生生物学报，26（6）：585～590.

36. 陶江平，陈永柏，乔晔，等 . 2008. 三峡水库成库期间鱼类空间分布的水声学研究 [J] . 水生态学杂志，28（5）：25～33.

37. 王崇瑞，张辉，杜浩 . 2011. 采用 Biosonics DT－X 超声波回声仪评估青海湖裸鲤资源量及其空间分布 [J] . 淡水渔业，41（3）：15～21.

38. 王靖，张超，王丹，等 . 2010. 清河水库鲢鳙鱼类资源声学评估——回波计数与回波积分法的比较 [J] . 南方水产科学，6（5）：50～55.

39. 王珂，段辛斌，刘绍平，等 . 2009. 三峡库区大宁河鱼类的时空分布特征 [J] . 水生生物学报，33（3）：516～521.

40. 谢意军，王珂，郭杰，等 . 2016. 基于水声学方法的东洞庭湖鱼类空间分布和资源量评估 [J] . 淡水渔业，46（3）：40～46.

41. 杨春齐，陈俊华，何飞，等 . 2010. 四川西部甘孜、凉山地区鱼类多样性及保护研究 [J] . 四川林业科技，31（1）：34～40.

42. 张俊 . 2010. 基于声学数据后处理系统的黄海鳀鱼资源声学评估 [D] . 硕士学位论文 . 上海：上海海洋大学 .

43. 赵宪勇 . 2006. 黄海鳀鱼种群动力学特征及其资源可持续利用 [D] . 博士学位论文 . 青海：中国海洋大学 .

44. 赵宪勇，陈毓桢，李显森，等 . 2003. 多种类海洋渔业资源声学评估技术和方法探讨 [J] . 海洋学报，1（25）：192～202.

45. 张运林，陈伟民，杨顶田，等 . 2004. 天目湖热力学状况的监测与分析 [J] . 水科学进展，15（1）：61～67.

46. 郑璐，元东明，阳伟，等 . 2012. 邛海湖土著鱼类的变迁及保护对策 [J] . 绵阳师范学院学报，31（8）：63～67.